农耕

楼美如 著 LOU MEIRU

耕

U0307292

浙江摄影出版社
全国百佳图书出版单位

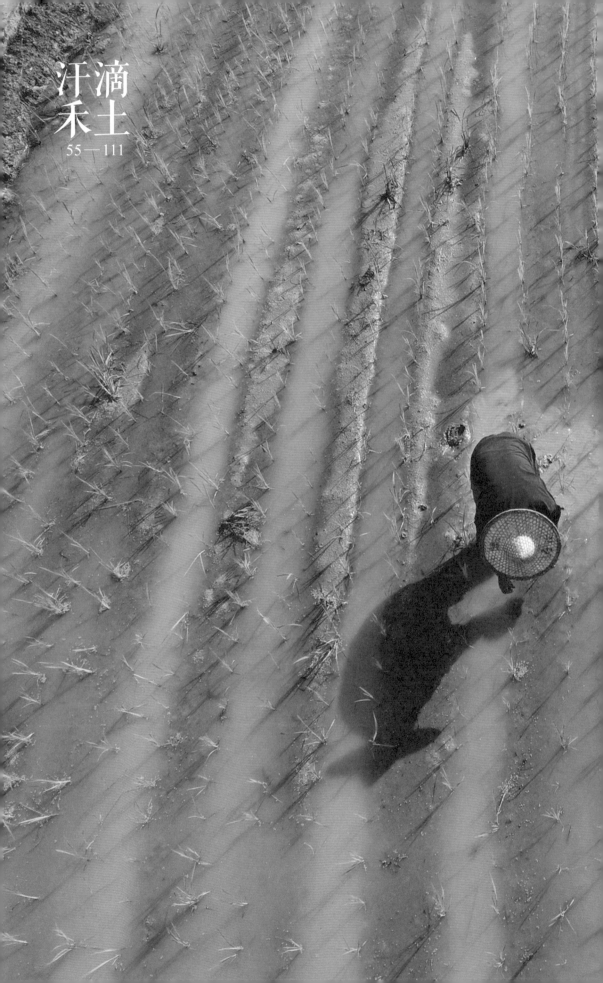

万粒
归仓
113—199

精藏
细作

文／那日松

乡村与农耕：生活在别处

这几年，我走访过不少农村，从北方到南方，从东北到西南，看到很多城市化进程中的乡村景象，有空村，有被垃圾污染的田地，有被改造得不伦不类的新农村。偶尔见到大片丰茂的农田，或者遇见耕作的农民，哪怕是拾土豆的妇女，我也会非常兴奋，仿佛回到久违的世外桃源，又如进入古典的名画中。

楼美如的照片就仿佛这些经典的名画，带领着我们瞬间穿越时空回到自然淳朴的农耕时代。

是的，农耕，这曾经是一个多么美好的词汇；乡村，这曾经是一个多么美好的生活居所。但它们又确实离我们越来越远，变得越来越陌生了。

2018年，我在走访南方某县的一个村庄时，适逢几位来自上海的艺术家、设计师在做农村改造项目。城市里来的设计师和艺术家们都很勤奋、很认真，他们清理了垃圾，在村子里开设民宿据点，建起酒吧还有图书馆。我正好碰上几个在外打工回来探亲的年轻人，问他们村子已经建设得这么好了，想回来吗？几个人一致的回答是：不。他们说自己已经习惯城市里的生活，坚决不想再回到农村。他们的回答当时让我非常震惊，原来这些年轻人是这么痛恨农村啊。

但回过头来想，我们又有什么资格去责怪这些不想回到农村的青年呢？我们对农村的真实了解又有多少呢？这些年，各个地方所谓的经济高速发展大多以牺牲农村为代价。很多农村被抛弃，城乡差别越来越大，农村里的青壮年基本都进城打工，他们的子女也基本都在城市里长大。农村已经成为他们回不去的故乡。

这种过度的乡村城市化进程，进一步加速了传统农耕生活的改变或消失。

回到我们自己。古人云："四体不勤，五谷不分，孰为夫子？"—— 对我们这一代人来说，"五谷不分"倒确实是绝大多数人的真实写照。

我当然也属于那"五谷不分"中的一员，也正因为如此，当看到楼美如的这部《农耕》作品时，我只能用"敬佩"加"赞叹"来形容。在她的作品中，我们重新看到了乡村之美、农耕之美、农具之美、劳动之美，当然还有最重要的 —— 劳动中的人性之美。

这么多年，我们很多摄影家、艺术家表现的农村生活，要么是破败的、悲苦的挽歌，要么是充满小资情调的装腔作势，很少有人用专业的方式来讲述真正的乡村生活与农耕方式。而楼美如作为一个农业科班出身、有着三十多年农村工作经验的业余"专业摄影师"，她给我们呈现的乡村与农耕生活是非常真实和系统的。在她的专题里，春夏秋冬，二十四节气，从春耕到夏管，从秋收到冬藏，每一个劳动的细节、内容以及使用的农具，都讲述得清晰、科学且专业。更可贵的是，虽然她拍摄的都是关于中国农耕文化的科普类图片，但照片的艺术性和专业性也同样非常高超，可以感受到她拍摄每一张照片时的专业思考。

中国是一个农业大国，农村人口仍然占绝大多数，在经济迅速发展、社会快速转变的过程中，所谓"三农"（农业、农村、农民）问题仍然是一个大问题。

不久前，在日本工作的前助理跟我通电话，说他又上学去了。我问学什么，他说在学日本的农业，我说你终于做了一件最正确的事。

同样，作为一个摄影师，楼美如也做了一件非常正确和重要的事情，就是拍摄这组"农耕"的专题照片。她用摄影的方式，为我们保留了一幅幅美丽如梦般的乡村景象。

水稻

　　水稻是人类主要的粮食，它养活了世界一半以上的人口。可以说，水稻栽培的历史就是农业的发展史。

　　20世纪末，浙江省文物考古研究所在浦江考古发现，10000年前当地人就会人工种植水稻，会用石磨棒和石磨盘磨稻谷脱壳，震撼了世界考古界。"人的起源""国家的起源""农业的起源"是世界考古三大课题，史学界曾经把河姆渡定为世界稻作文明的源头，而浦江的考古发现证明浦江在10000年前就有水稻种植，将河姆渡的史前稻作文明向前推进了3000多年。无疑，浦江成了世界稻作栽培的发源地，这就是著名的"上山文化"。

　　值得一提的是，此后又相继发现了18处上山文化遗址群，其中永康数量最多。浙江省文物考古研究所的专家蒋乐平指出："金华上山文化遗址群，数永康数量最多，占总数的一半。其中浦江上山遗址和永康庙山遗址年代最为久远，测年为距今11000多年。"

　　如今，随着现代农业的迅速崛起，农耕手工劳作模式和农具正在被历史淘汰。在这新旧更替的历史关头，将水稻种植先驱地区的传统水稻耕作流程记录下来，既是对聪慧勤奋、辛勤耕作、开拓不息的先辈的缅怀，更是对悠久厚重历史的回望。

农具是农业生产不可或缺的劳动工具。浙江浦江、永康发现的"上山文化"表明在10000年前上山人就会用石磨棒和石磨盘磨稻谷脱壳，标志着中国不仅是世界上最早栽培水稻的国家，也是最早使用农具的国家。从远古的石器农具，到春秋战国时期铁制农具和牛耕的普及，再到汉代水车、风车的推广，可以说，农具的发展就是中国历史文明的发展，农具的进步就是中国历史文明的进步。

据资料记载，农耕时期使用的主要农具，在唐代已经基本形成体系。许多农具一直沿用至今。比如汉代发明的结构巧妙精致的水车、风车；比如春秋战国时期发明的铁制锄头，宽的、窄的、厚的、薄的，几经发展，种类不下十种、用在不同场合的劳作，能节省体力，提高效率。如此这般，种种复杂而别致的农具无不彰显着中国先人的智慧和才干，是中国农耕社会的活化石。

随着农耕时代的终结，我们先人发明创造的许多农具终将退出历史舞台。在这农耕文明与现代文明新老交替的大变革时期，自己能以微薄之力，通过图片影像，留存先人发明创造的物件的图片资料和使用方式，谨以此表达自己对先人聪明智慧的无比敬仰。

立春 （公历 2 月 4 或 5 日）
立春天气晴，百物好年成

雨水 （公历 2 月 19 或 20 日）
雨水有雨百日阴

惊蛰 （公历 3 月 5 或 6 日）
惊蛰前响雷，四十九天雨门开

春分 （公历 3 月 20 或 21 日）
春分一过，早稻可播

清明 （公历 4 月 4 或 5 日）
清明热得早，早稻收成好

谷雨 （公历 4 月 20 或 21 日）
谷雨料谷子，立夏开秧门

汉宫春·春

胡松植

日渐东风，看平川草色，绿压轻黄。

紫芸如海，豆麦千里争香。

莺穿燕剪，任灵姿、乱入清江。

还借得、群蛙竞鼓，殷殷竟伐华章。

咂咂犁头翻水，把嫣红姹紫，尽换时装。

分明纵横一线，却是新秧。

云天水镜，便裁成、无限风光。

相屈指，丰收先望，人间最喜春忙。

"春天深耕一寸土，秋天多打万石谷。"大地回春之际，正是农民忙于垦荒精耕之时。疏松的土壤具有良好的通透性，对于作物根系的生长发育、植物肥力的吸收都是有莫大益处的。"人养地，地养人。"耕锄就是农民最初、最实的养地方式。以土地为本的农民总是以自己的方式，使用锄头、犁、耖、耙等农具和牛等牲口，精心打理着土地，勤锄深耕，为一茬茬作物的生长储备内力。

开犁

　　"一年之计在于春。"春耕是新一年农业生产的开始，为求一年风调雨顺，很多地方会举行开犁仪式。地处永康山区的山后胡村，至今仍然保留着传统的"开山节"（平原叫"开犁节"）。每年的小满至芒种间，由长者选择黄道吉日，定为"开山节"。这是全村十分隆重的节日，家家早早地准备最好的食材来包裹粽子，并用最圣洁的仪式裹五串"许愿粽"（五个锥形尖粽结为一串，寓意"五谷丰登"）。节日那天，按村里规定的时辰，村民先用四串许愿粽分别在自家门前拜天地、在厨房拜灶神、在猪舍拜猪神、在村路口拜"老天公"，最后各自带上一串许愿粽汇集上山去拜山公山婆等天地神灵。仪式后，村民把粽子分送给村外的亲人，这既是分福，也是告知农耕的开始。拜完神灵，吃过粽子，村民开始上山垦地播种。

拜天地祈祷来年风调雨顺，永康市山后胡村

拜灶神等祈祷一年丰衣足食，永康市山后胡村

出工，永康市山后胡村

农夫

日出而作，日落而息。山区或半山区的农田远离村庄，村民外出劳作时，为节省往返时间，常常带着盛干粮饭菜的饭笼和盛满水的竹筒或葫芦，中午在田地里就地而吃。饭笼是一种专门用以盛饭的竹篓，上圆下方，直径约20厘米，是大多数农家必备的携带饭菜的用具。竹筒则大小、高低不一样，高的可达100厘米，小的也有30厘米以上。

那时的农民，肩膀上或腰间总是搭着或系着一条白棉布，永康人称其为"汤布"。它的制作十分简单，到布店扯上一块2米长的白棉布，从中间撕开，就可做成两条汤布。它是农民一年四季不离身的物件。冬天用其当围巾御寒保暖，夏天挂在身上用其擦汗，挑担时披在肩膀上可减轻扁担对衣服和皮肤的摩擦。平时不用时，一般将它系在腰间，权当饰物。

席地而坐吃中餐，永康市山后胡村

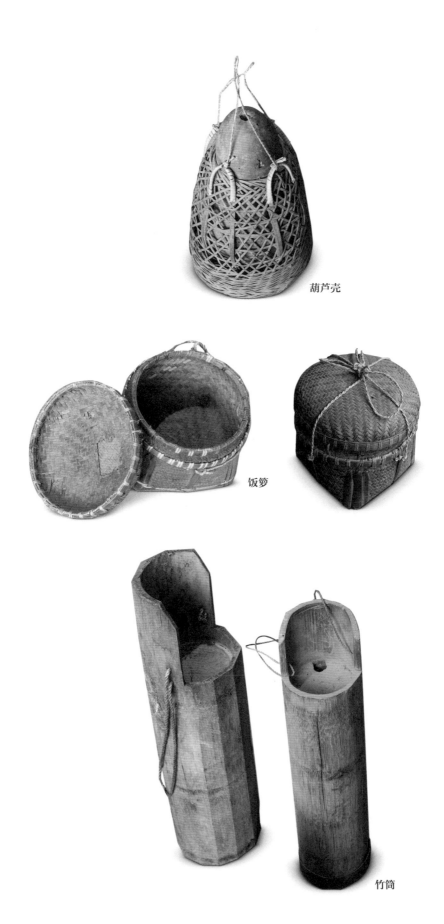

葫芦壳

饭箩

竹筒

牛

"种田不养牛，田地变石头。"牛是农耕时期翻耕土地最为主要的牲畜。耕田的牛分水牛和黄牛，水牛力气大，但必须在有水的区域才能存活，所以平畈区耕田以水牛为多，缺水的山区才用黄牛耕田。

牛很通人性，习惯听从自己主人的指挥。作业时，主人挥舞着竹枝（永康人叫"牛草弯希"），用一种特殊语言驾驭着牛，其中"缓"为停，"嗨"是走，"牵"往左，"头"往右。不同区域的口令会有所不同，不熟悉牛的生人即使喊了，牛也不会听从的。

牛和农夫，永康市付店村

黄牛，云和县崇头镇

水牛，永康市新店村

"犁"是名词，也是动词，用犁深翻土壤的过程叫"耕田""耕地"。据资料介绍，犁由炎黄时代的"耒耜"发展而来，是农耕时期深翻土地不可替代的工具。犁由犁架和犁头组成，犁架多为木制，粗约10厘米；犁头呈三角形，为生铁铸成。至农耕后期，犁架和犁头都由生铁直接铸造。

　　牵引犁、耙、耖的农具叫轭，是凹弯的一根木棍，使用时套装在牛背上用以牵引。耕田的轭和一根直木棍加绳索牵连在一起，轭套于牛背，直木棍中间有个钩，用来套牵犁。套牵耙和耖时，则直接用绳索和轭连接使用。

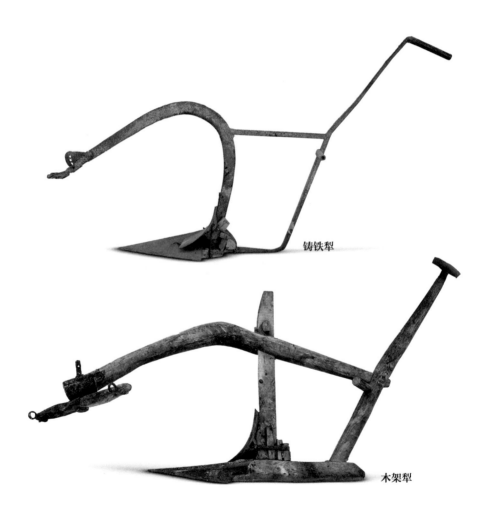

铸铁犁

木架犁

犁田为翻耕土壤的第一步，云和县崇头镇

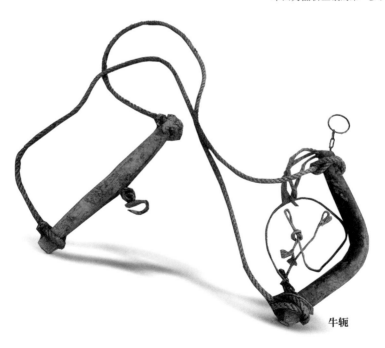

牛轭

牛轭：套在牛背上，用其牵引犁、耙、耖
主要使用的是木架犁，铸铁犁直到20世纪70年代后期才被引入

耙 耙是碎土、平地的农具，由木架、铸铁耙齿和耙绳组成。耙绳索套在耙架上，供耙田人牵拉把舵。耙田人站在耙架上，右手拎着耙绳，左手挥舞着"牛草弯希"，人随着牛的拉动而前行。耙田不仅需要技能，还需要眼力。高手们能够凭眼力把高处的土往低处耙，初学者把控不好重心，很容易摔跤。耙比犁、耖更早地退出生产程序，即使至今还实施牛耕的山区，也很少有人使用耙了。

耙

耙田的作用为打碎土壤，永康市俞溪头村

种植水稻的农田还需进行耖田（也叫"平田"）。永康有谚语云："三耕六耙九耖田，一季收成抵一年。"耖田是一项工作量比较大的活，一般先横耖，再直耖，直到把水田耖得平平整整，像水平仪器测量过一般。使用的农具叫耖，由耖栅（13根长约20厘米的耖齿组成）和扶手两部分组成，早期的耖多为木制，后来耖栅部分发展为铸铁，再发展为全部由生铁铸造。

耖

耖田的作用为整平水田，云和县崇头镇

锄　　"锄头底下出黄金。"锄头是农民最常用于挖、铲、翻土的农具。没有耕牛的农户，水田里耕、犁、耙作业是用锄头完成的。每家农户都有大、小、宽、窄不同的锄头，分别用于不同的农耕作业，这样可以节省很多时间和力气。其中"铢锄"约比一般锄头重3倍，是强劳力最喜欢使用的翻土工具。它一锄下去，相当于一般锄头翻土量的好几倍，特别适宜在土壤板结的地方或山区垦荒时使用。

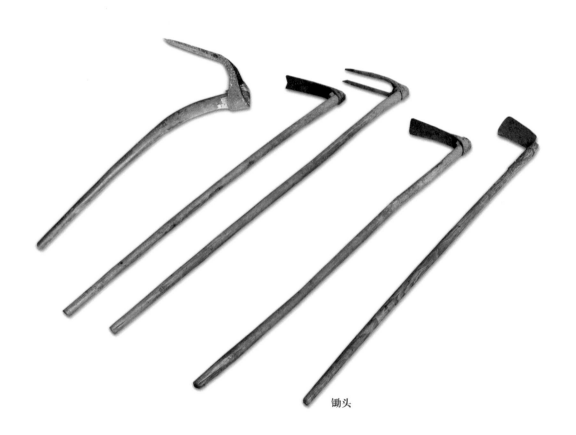

锄头

农家农具，缙云县包坑村

锄不离手，永康市西徐村

永康市付店村

手扶拖拉机是最早用于翻耕土壤的机械，云和县崇头镇

机耕

手扶拖拉机是最早被引入农业用于翻耕土壤的农机具，20世纪60年代后期永康一带有出现，80年代普及推广，因其使耕田功效大幅度提高，很快取代了牛耕。那时开拖拉机耕田是出风头的行当，拖拉机手特受人青睐。

20世纪90年代，政府组织开展了大规模的农田基本建设，原生态农田被改造成为标准农田，极大促进了现代农业机械的推广。进入21世纪后，大型拖拉机普及，小型拖拉机慢慢被取代。

人工发动机器，永康市西徐村

"人误地一时，地误农一年。"农业作物的生长发育严格遵循着时令。"白露花麦秋分菜。""三月种油麻（芝麻），满地生丫；四月种油麻，头上一朵花。"农民都能精确掌控各种作物的种植时节，绝不会耽搁、误季。然而，能否有收获还得靠上天的恩赐。风调雨顺之年，就能种瓜得瓜，种豆得豆。不过，在浙中丘陵，缺水、洪涝等灾害天气总是时常出现，但是"只可失收，不可失种"，即使面对再严酷的灾害天气，农民也不会让金贵的土地荒芜，错过种甲就改种乙，错过种乙就改种丙。这也正是浙中丘陵作物品种多而杂的原因所在。

　　水稻是最大宗的粮食作物，其种植技术最为完善，使用的农具也最为丰富。浸种、催芽、整理苗床、播种、插秧，每一道程序使用的农具并不相同，有篾丝箩、谷勺、畚斗、秧田推、划行器、秧绳、锄头等。旱地作物品种多而杂，主要使用的农具为锄头。

谷子的浸种催芽，永康市舟山镇

待播的谷芽，永康市芝英镇

浸种

"清明料谷子，立夏开秧门。"永康人把稻谷种子浸种催芽的过程称为"料谷子"。一般于四月上旬开始，时间视温度变化而有长短。浸种时，把谷子倒入篾丝箩，再在盛水的豆腐桶内浸泡一天两夜。等谷子浸泡透后捞起，用30—50摄氏度的温水淋种，再用稻草覆盖来保温催芽。人民公社时期，浸种催芽由有经验的社员担当。20世纪70年代，由于塑料薄膜的推广，浸种提前到三月份进行，促进了双季稻的稳产。

用于浸种的农具多为篾丝箩，是一种细小竹条编制而成的竹箩。篾丝箩除了具有一般箩筐的盛物功能外，还因其漏水性能好，常用来浸泡谷物。

篾丝箩

整畦

"秧好一半稻，壮秧出好稻。" 整理秧田是培育壮秧的关键，永康人叫"做秧田"。秧田一般选择土壤肥沃、排灌方便、朝南向阳的农田，施入人粪，先是犁、耙、耖，再做成一畦一畦，接着用秧田推来回反复推，使土烂如泥。秧田推是一种木制的、用来整平秧田的农具，由一横一竖两根圆木棍组成，呈"T"字形，顶部加配两根固定用木条，构成三角形支架。

整理好的秧田泥土细匀、柔软适度，适合谷子生根发芽。农民把平整好的秧田称为"秧田板"。由于整平秧田的工序复杂，一般几户人家拼在一起整理，以提高效率。

秧田推

整平秧田使谷子入土平整，出苗整齐；永康市姚塘村

播种

　　把浸种后发芽的谷子均匀地撒入秧田板。谷子入土太深则出芽慢，浮于土表则不利生根，播撒不匀则出苗稀疏丛集，所以秧苗的健壮与否，不仅取决于整畦，还取决于老农的播种技术。

　　撒播完谷子，再覆盖草木灰后，育秧程序即告完成。然而"春天孩儿面，一日变三变"，四月的天气忽冷忽热变数大。弱小的秧苗最经不起寒霜的侵袭，冻害严重时甚至会全军覆没。人们习惯把育秧期间的冷空气叫作"倒春寒"，是水稻栽培受制于天气的一道关卡。

　　谷勺、畚斗是农民最常用于播种的农具。谷勺采用细小竹条编制而成，硬实透水性好，除了盛谷种，还时常用于谷柜搬稻谷；畚斗采用竹片编制而成，平底，永康人习惯叫"米箩"。畚斗没有谷勺给力，但搬晒谷物少不了它。畚斗有大有小，大的一般用于搬谷物，小的常用于搬米。

均匀撒播谷子，永康市付店村

谷勺

畚斗

撒播谷子，永康市新店村

插秧

"手捏秧苗种福田，低头便见水中天，心有方寸始成行，退步原来是向前。"民间流传的插秧歌，描绘的正是插秧景象。不用秧绳就能够横竖插秧都整齐、均匀的，是种田高手。一般人都是先用秧绳固定间距，而后插秧。

20世纪人民公社时期，政府推广小苗移植，划行器就是那个年代发明的农具。划行器也叫插秧推，由推手和木轮组成。推手由两横两纵四条圆木组成框架，木轮一般有8—10个，等距离地固定于木架上。先划直行，再划横行，划出方格后把秧苗插于方格的交叉点，这样秧插得更为整齐。

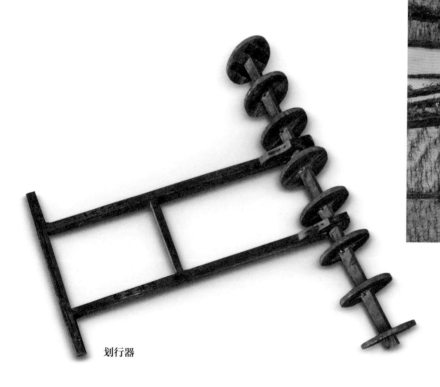

划行器

插秧，云和县崇头镇

整
田
埂

　　"铁锹底下三分雨""肥水不流外人田"，依
靠的都是田埂。插秧前，农民会整理夯实自家农
田的田埂，永康土话叫"捞田岸"或"上田岸"。
这不仅是为了保证灌溉农田的水和肥不外流，还
有清除杂草的目的。

　　整田埂使用的农具为四齿锄和宽锄，宽锄的
锄面约比一般的锄头宽一倍，厚度却小许多。先
用四齿锄整田埂，再用宽锄把田埂抹平整。

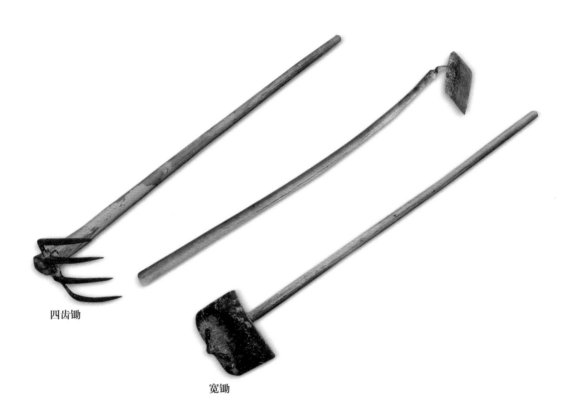

四齿锄

宽锄

整田埂，肥水不流外人田

上图，云和县崇头镇
下图，永康市姚塘村

45

旱作

　　灌溉困难的坡地和错过了水稻栽培季节的农田会种植旱作物。旱作物多为直播，在翻耕好的土地上用锄头整理成畦，将五谷杂粮等颗粒状种子用草木灰拌种后，直接点播或条播撒入浅沟，边播边用脚覆土压实。

　　萝卜、芝麻等作物点播长苗后，需要选优去劣。为保证幼苗粗壮给力，一般要经过几轮选拔后才会定苗，如萝卜选苗就会先选四，过段时间再选三，最后留两定苗。

旱地播种，永康市西徐村

保温催芽，永康市中山乡

催芽　　春季种植的块茎、块根等旱作物，为了提高其发芽率，栽培前一般会进行保温催芽。种子催芽不仅需要温度，还要保持相对湿度。区域不同，催芽方式也不同，全凭农民常年累积的经验来操作。如四月种植的生姜，二月就开始催芽。有的农民用陶缸催芽，在底部和四周铺垫厚厚的稻草，姜子盘集在圆周，中空留生炭火加温，每天早晚各加一次炭火，一直保持缸内温度在20摄氏度以上。周而复始40多天，待姜子发芽后，选择晴朗的天气挖沟种植。山区的催芽多采用洞穴保温催芽法。

火笼或火盆也是常用来催芽加温的工具。在没有空调的年代，火笼是家家必备的、最常用的冬日取暖用具。火笼的内囊里有一个陶罐，陶罐内装满炭灰，再放入炭火，炭火慢慢散热达到取暖的目的。

火笼

穴种土豆，永康市横麓村

穴种

催芽后的种子多为穴种。土豆是早春较早种植的作物。上一年的土豆收获后，一般悬挂藏种，让其自然发芽。种植时，先开穴，把发了芽的土豆点状放入，再施入土杂肥，覆土即可。

甘蔗是截取结节种植的。留种的甘蔗一般埋在土里储藏，经过一个冬季的土藏，结节已经生根或发芽，取出后裁剪结节部分，直接种植。

裁剪芽节种甘蔗，永康市唐先镇

番薯育苗，永康市柘坑村

扦插

　　番薯种植最为特别。我们吃的番薯其实是块根，种植时需先培育番薯籽，使其长藤，再剪取番薯藤扦插于种植地，这个过程永康人习惯叫"插番薯"。扦插的番薯藤长出新根，其中部分新根膨大突变成为番薯。

扦插番薯苗，永康市新店村

53

立夏 | （公历 5 月 5 或 6 日）
多插立夏秧，谷子堆满仓

小满 | （公历 5 月 21 或 22 日）
小满小满，江满河满

芒种 | （公历 6 月 5 或 6 日）
芒种有雨空种田

夏至 | （公历 6 月 21 或 22 日）
夏至响雷公，塘底好栽葱

小暑 | （公历 7 月 7 或 8 日）
小暑一声雷，倒转做黄梅

大暑 | （公历 7 月 23 或 24 日）
小暑热得透，大暑凉飕飕

汉宫春·夏

胡松植

大野平冈，总云稀风隐，暑气横天。

禾披草憋，直拟坡谷生烟。

蝉鸣断续，亦如悲，露竭林蔫。

山可炽，川流可炙，无边赤日炎炎。

但得田家君子，对生生五谷，尽智争贤。

锄禾浚沟抢水，并志齐肩。

何论当午，自开天，代代年年。

皆岌岌，绵延瓜瓞，兢兢不问丰歉。

水是生命之源泉，农业之命脉。炎炎夏日，天干地燥，依靠引水浇灌、滋润作物以助其生长。夏时最是狂风暴雨多发季节，带来的洪涝灾害对农作物的破坏也是最大的，或是创伤或是毁灭。所以，农民管水的任务包括了灌溉和排涝。

过去的灌溉水源主要是池塘和溪河流水。依靠水车提水灌溉或人工挑水浇注。丘陵地区，溪河坡度陡，蓄水能力弱，灌溉水源紧缺。尤其盛夏时节，雨水金贵，作物需水量又大，是农作物最容易遭受干旱伤害的季节。为了争夺灌溉田水，农民常常夜以继日地护守引水，村与村、户与户之间时不时地会发生纠纷，甚至打架斗殴，严重者甚至会出人命。

用于管水和用水的农具主要有水车、尿勺、尿篓、铁锹、蓑衣、箬帽、锄头等。

车水

农田主要依靠水车踏水灌溉，这个过程永康人习惯叫"车水"。操作时，两人站在车架上，脚踩车拉头，不停断地踩踏，把低处的水通过车叶板提进水渠、流入农田。车水需要两个人协调配合，迈步均匀，一般由经验丰富的老农民操作。车水是重体力活，干旱季节灌溉水田时，人歇车不歇，人民公社时期有"一支香"之说，以点香计算时间，每人车水约一炷香的时间，而后休息。

车水的农具叫水车，由硬木制作而成，结构较为复杂，由车架、车拉头、车桶、车叶板等部件组成。车架是站人扶手的支撑架；车拉头装在车架上，是人脚踩踏的部件，多为两人踩踏，也有三人、四人踩踏的；车桶是输送流水的通道，一头对准取水口，另一头放入池水里；车叶板为一块块略呈菱形的长方木板，通过插头连接成环，放在车桶内，一头套装进车拉头，另一头随车桶放入池水。农民脚踏车拉头，通过木齿轮带动车叶板，把水源里的水通过车桶提取灌溉，车桶的高低和车叶板安装的多寡以入池能带出的流水量为准，不可放入太深，否则提水太重，耗力大。

灌溉车水，武义县陶村

农田灌溉，武义县陶村

车桶

车拉头

车架

浇水，永康市西徐村

浇水

　　旱地作物的灌溉主要依靠尿桶挑水浇注。尿勺是浇水的农具，由直径约30厘米、高约25厘米的木桶加一根长木棍组成。在用粪缸储存积肥的年代，尿勺还有一大功能是把粪缸里的粪便舀到尿桶里。随着粪缸的消失，尿勺的功能也仅限于浇水了。

尿勺

排水

　　水淹是影响农作物根系呼吸的农害之一，就算喜水的水稻也是很怕水淹的。每当下大雨，不管白天还是黑夜，农民都会穿上蓑衣，戴上箬帽，扛着锄头，到田间开沟排水，永康人叫"看田水"，呵护作物免遭水害。所以，箬帽和蓑衣是每家必备的雨具。

　　蓑衣由棕榈皮缝制而成，分上衣下裳，上衣像一件大坎肩，披在身上露出胳膊便于劳作，下裳如围裙，长过膝盖，可以挡雨。箬帽为一种竹叶、竹片编制的帽子。永康箬帽分为大箬帽、中箬帽、小箬帽。雨天用的大多为大、中箬帽，而小箬帽平时最为常用，农民下地干活时习惯戴箬帽，主要用来遮挡太阳，也可以用来挡风遮雨。

雨天排水，永康市姚塘村

马灯 蓑衣和箬帽

排涝

地势低洼的田地，地下水位高，种植旱作物，多雨季节需要开沟排涝，避免土壤积水，影响根系生长发育。

开沟使用的农具为宽的铁锹，永康人叫"塘泥锹"，因其常用来清理池塘底部的浮土而得名。

塘泥锹

开沟防涝，永康市棠溪村

作物从土壤中汲取养分和水，在太阳光的照射下，通过叶绿素进行光合作用，为人类生产粮食和用料。肥料是作物生长发育过程中不可或缺的养料。"肥好一半稻"，有着充足肥料的肥沃土壤才是保证作物苗壮成长的基础。

　　作物通过光合作用为人畜提供食物，人畜的排泄物又反馈回土壤滋养作物，这就是农耕时期纯自然的生态圈。那时，人粪、牛粪、狗粪、鸡粪等人、畜、禽的粪便都是金贵的，有人储存和拾捡，而且可以用来买卖或交换粮食。作物的下脚料也不会被丢弃，通过发酵、闷烧等方法被农民制成土杂肥重新回归土壤。

　　肥料分基肥和追肥，种植时施入的肥料叫基肥，管理过程中施的肥料叫追肥。农业生产过程中，特别讲究少肥勤施，确保让有限的肥料发挥出最大的肥效。

　　施肥、制肥时使用的农具有尿桶、尿勺、尿篓、猪耙、尿缸、灰卷、灰桠等。

畜肥包括猪、牛、羊等的屎尿，最常用作基肥。"种田不养猪，好比秀才不读书。"养猪积肥是农村每个家庭必须做的事情。猪为圈养，每户农家都有专门的猪圈，永康人叫"猪栏"。农民用杂草喂猪，猪圈里垫着厚厚的稻草，猪在稻草上排泄屎尿后又反复踩踏，形成很好的有机肥。牛也如此，永康人称牛圈为"牛栏"。永康人将这些畜肥统称为"栏播"。在农作物种植前将猪肥施入土壤作为基肥，保证土壤持续提供肥力，维持作物生长。猪耙为一种四齿的锄头，是最常用来搬施猪肥的工具。

猪粪是很好的基肥，永康市柏岩村

猪圈，永康市金坑村

猪圈，永康市槐花村

农家鸡，永康市九里口村

鸡笼

鸡粪

　　鸡粪常用作基肥。鸡是农民家家必养的家禽，一般由自家孵育，春天是孵鸡的主要季节，一般一年孵一茬，孵出来的母鸡留着生蛋，公鸡除了做种鸡，其余都成了逢年过节的美味佳肴。永康人称鸡圈为"鸡笼"或"鸡窝"。鸡圈里铺垫稻草，经过鸡粪一段时间的侵蚀，成为很好的有机肥。

　　家庭养鸡的鸡圈有三种：一为木制的、固定的长方体；二为土木结构的，下面是砖块，上部盖木板；三为竹编的鸡圈。前两种容纳的鸡数量较多，第三种可以提拎移动，但容纳的鸡数量相对少。竹编的鸡圈有大有小，一般为直径1—1.5米、高约1米的圆柱体，鸡圈上部收拢，顶部留有直径约10—15厘米的圆形小窗。鸡圈的底部开有小门，供鸡进出。

鸡圈，永康市九里口村

草木灰

草木灰是最主要的磷肥。草木灰多为农民自制，常作为基肥用来拌种或直接施用。早年间，很多村庄都有一块空地，叫"焦灰坛基"，专门用来烧制或存放草木灰。

冬季是农民囤积草木灰的主要季节。永康人把烧制草木灰的过程叫作"烧焦灰"。平原地区的烧制原料和工具主要有稻草根、稻草、土、草泥等，在底部平铺一层稻草，中心部堆积带泥土的稻草根，外四周由带根的稻草（土根部朝内）堆积成圆柱形，再把外部的稻秆剁碎，中心塞进稻草或柴，上部覆盖一圈圈带土的草泥，最后在最上面用细泥土封盖。山区农田少，但山林资源丰富，一般用柴火、杉树刺等原料加泥土封盖烧制。

起烧时，从底部点燃，慢慢闷烧，大的堆需烧几天，等到上面的封盖出现凹陷，进行"开灰"。开灰时把四周闷烧透的草木灰摊开，余留中心部分再闷烧（若不开灰，中底部烧力不足，会影响肥力）。烧制的粗坯很多是块状的，必须用灰棬或灰锤拍打，再筛滤，形成均匀且细小的粉状颗粒物，此制灰过程才算完成。

专门用于拍打草木灰的农具叫灰棬和灰锤。灰棬由一块长条形的木块、竹竿（木杆）加木轴组成。灰锤由一段硬树段做锤子，中间嵌入一根木柄，在山区使用较普遍。它制作简单，但拍打费力，效果没有灰棬好。

闷烧草木灰，永康市栎坑村

拍打过滤，形成细粉状的草木灰；永康市柘坑村

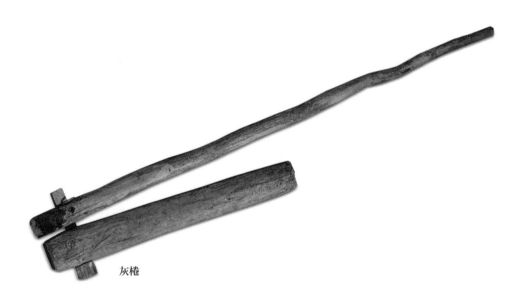

灰椎

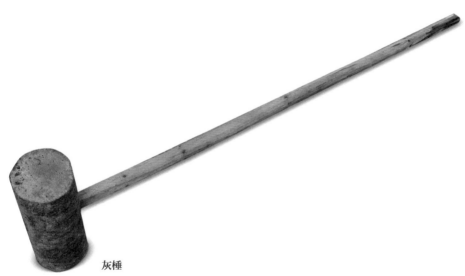

灰槌

人肥

永康俗话把人肥叫作"水播"，即人的屎尿，那是很好的速效氮肥，肥效快，肥力足，主要用于追肥。人肥直接施用的话，肥力太大容易烧苗，一般兑50%以上的水后施用。

运输人肥的农具叫尿桶，浇施的农具叫尿篓，是农户家家必备的农具。两者均为杂木制品，搭配使用。尿篓为圆桶形状，前开流嘴，后有高出桶沿约18厘米的桶帮，其上安装提柄。前开的流嘴很适合点施，肥料滴浇在作物根部，吸收快，而且不会洒落导致浪费。

尿篓

点施人粪，永康市凌宅村

下脚肥　这是针对水稻施用的肥料。水稻插秧后15天左右，秧苗自带的养分被吸收完，而土壤的基肥还未能被吸收，此时需施用速效肥，用以补充秧苗营养。永康人称这时施的肥为"下脚肥"，由人粪加草木灰搅拌而成，两者搅拌后容易挥发，所以需边搅拌边施用，以确保肥效最大。一株秧苗根部，塞入一小团肥料即可。

插秧15天后点施下脚肥，补养料；永康市新店村

"种是一时，管是百日。""只种不管，敲碎饭碗。"作物的培育除了需要施肥、灌溉、排水外，还需要松土、除杂草、清杂苗、防治病虫害等精细培管，并且这些作业贯穿作物的整个生育期。锄不离手，勤于细作，在农耕时期是促进农作物增产增收的重要手段。

　　细作时使用的农具主要有田耙、草耙（铲锄）、铁锹等。

耘田是水稻松土除草的重要环节，云和县崇头镇

耘田

指水稻生产过程中的除草和松土作业。一季水稻需耘田两次。第一次耘田，永康人习惯称为"呼田"，一般于插秧返青后开始，作用是除草，增加土壤透气性，促进作物的根系发育；第二次耘田，永康人习惯称为"涂田"，于分蘖时进行，耘田后即干湿交替，促进水稻分蘖。耘田的农具叫田耙，由一个铁圈加竹竿制成，铁圈直径的大小与水稻之间的株距相当，竹竿一般有3—4米长，耘田时拉伸幅度大，省力又省时。

耘田，永康市塘头村

田耙

铲　　旱地的松土和除草作业，永康人习惯称为"铲"。"三天铲，两天浇，十八天好开刀"，这是永康种菜培管的经验总结。经常铲能防止土壤板结，给作物增氧，促进作物的根系发育，对于作物生长发育是十分有益的。

　　用于旱地除草、松土的农具统称为锄头。它的锄面宽而薄，重量也相对较轻，其中有的也叫草耙，有的也叫铲锄。

铲锄

松土除草，永康市西徐村

拔草

"一根稗草去餐粥，百根稗草去担谷。"杂草根系发达，生命力旺盛，长得比作物快，会抢夺土壤养分，所以拔草是一件经常要做的农活。农田耘田后残余的稗草、旱地里锄头铲不到的杂草和农作物生长浓密处的杂草，以前都是农民弯腰驼背一根一根清除的。现在，很多地方都用除草剂除草了。

拔草作业贯穿作物的整个生长季节，永康市舟山镇

开沟培土，永康市云溪村

垛芋

在芋艿生长过程中，有一个特殊的管理环节，需要把畦底的泥土翻搬到芋苗四周，永康人称其为"垛芋"。新芋艿的生长发育是在老芋籽的上部完成的。种植芋籽时，若埋土过深则不利发芽，所以后期培土是通过垛芋完成的。这样既可抬高芋苗四周的覆土，使新生芋艿有生长的土壤，同时方便沟底灌水，确保芋艿生长的水分需要。垛芋的工具叫埂锹（铁锹）。

芋艿为喜阴、喜湿作物，培土后，在芋苗空隙处覆盖稻草、枝叶等，一可遮阴防晒，二可防止杂草丛生。

埂锹

赶麻雀

在有机农药普及之前，麻雀是五谷杂粮等农作物抽穗后危害最大的天敌。谷穗灌浆后，未等成熟，麻雀已经按捺不住，成片地飞来抢食。赶麻雀是那时保护庄稼的重要工作。农民会制作许多稻草人，布置在田间，用以吓唬麻雀。其间，还需时不时地拿着脸盆等在田间敲打驱赶。20世纪70年代，随着"1605"等有机磷农药的使用，麻雀大量地被毒害致死。到了现在，农田环境好起来了，麻雀又开始活跃了。

麻雀抢食稻谷，永康市店圆村

稻谷即将成熟时插放稻草人，减少麻雀抢食；云和县崇头镇

治虫　早期，作物很少治虫，即使有也是用植物来防治，一般用一种叫"雷公藤"的植物，捣碎后取其粉在作物叶面上喷撒少许。该植物在蔬菜防虫上使用得多些，故又被称作"菜虫药"。20世纪60年代出现了喷雾器，敌百虫、敌敌畏等有机氯农药也开始使用，植物农药就基本没人使用了。

防治植物病虫，永康市西徐村

防寒

寒冬来临之前，农民会用各种农作物秸秆、谷壳、畜禽粪便等覆盖在作物的土壤表层，用以给作物保温御寒，还可保持土壤湿度，提高作物的抗寒能力。开春以后，覆盖物腐烂，又成为很好的有机肥，可以肥沃土壤。

山地畚箕是山区农民习惯使用的手拎畚箕，由畚斗和提架组成。其大小形状在各地有差异，但提架都矮小，或为竹条或为藤条制成。山地畚箕也常用来盛放种子挂在楼梁上。

铺施稻草防冻，永康市坑口村

覆盖土杂肥给作物越冬防冻，永康市棠溪村

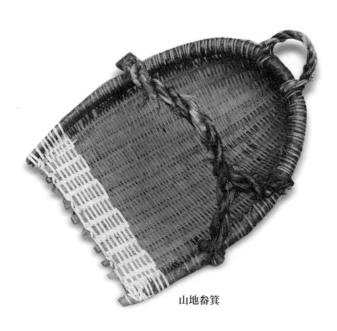

山地畚箕

桑蚕

"开轩面场圃，把酒话桑麻。"永康种桑养蚕最兴旺的时期在20世纪70年代，那时城郊的溪心村、高镇村一带，桑园一望无际。蚕一年最多可养五季，即春蚕、夏蚕和早、中、晚秋蚕。春蚕吐的丝产量最高、品质最好，占年产量40%左右，而秋蚕主要是舍不得桑叶浪费而补养的。

蚕宝宝对桑叶品质、湿度、环境要求很高，养蚕很辛苦。一季蚕从幼虫到吐丝成蛹，需要经过五次蜕皮。养蚕人要给幼小的一、二龄蚕喂细嫩的桑叶，而五龄的蚕吃桑量很大，需晚上隔三岔五起来喂养，以保证蚕宝宝吃得胖胖的，这样吐丝才能多且品质高。

蚕，永康市舟山镇

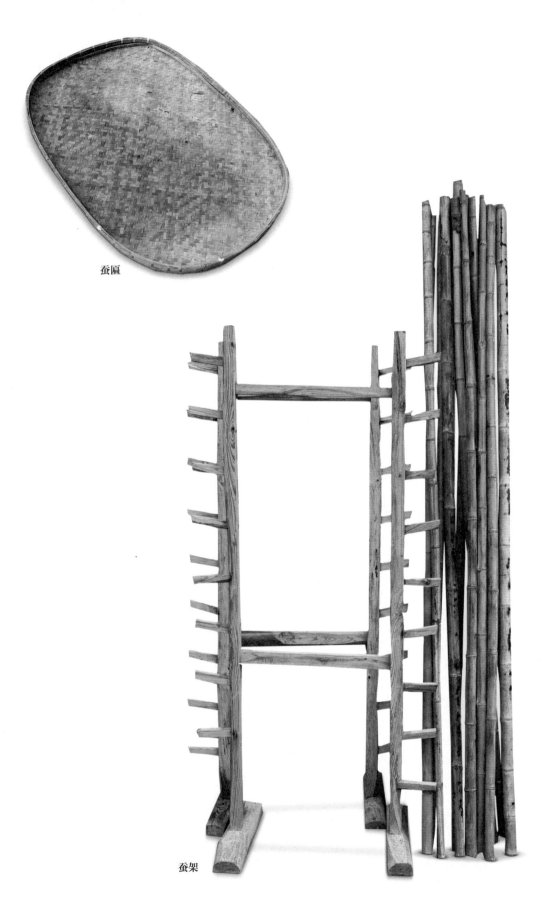

蚕區

蚕架

大龄蚕食量很大，晚上隔三岔五要喂食；永康市舟山镇

秋

立秋 （公历 8 月 7 或 8 日）
雨打秋头廿天旱，过了廿天烂稻秆

处暑 （公历 8 月 23 或 24 日）
处暑白露节，夜凉白天热

白露 （公历 9 月 7 或 8 日）
白露花麦秋分菜

秋分 （公历 9 月 23 或 24 日）
雨打秋，件件收

寒露 （公历 10 月 7 或 8 日）
八月寒露碎，有米无柴煨

霜降 （公历 10 月 23 或 24 日）
霜降勿降，十八天稳当

汉宫春·秋

胡松植

遍地流金，更满川稻色，也入芳汀。

晴光历历，尽望佳果盈盈。

年来苦事，便风过，水去云行。

归夕照，车推箩担，或随归雁声声。

天道苦播欣取，谢秋声不乱，仓满囷平。

谁家赏心乐事，迭趁秋明。

林风数叶，向流泉，也似鸣筝。

勤记取，盘中甘苦，当时莺燕啼耕。

"春种一粒粟，秋收万颗子。"秋天是成熟的季节、收获的季节。水稻、玉米、豆子、高粱、小米……辛苦忙活大半年料理的庄稼，赶在一块成熟了。收割、脱粒、晾晒、去杂、归仓，秋收是农民最繁忙的时候。每颗粮食来之不易，一道道程序、一个个环节，农民处理起来十分精细，绝不会将到手的粮食随意丢弃。

不同作物的收晒、脱粒程序是不一样的。水稻、小麦等，一边收割一边就得脱粒；玉米、油菜籽等，收割并晾晒后熟后，才可以脱粒；芝麻等则是边晒边脱粒，如果等到芝麻果完全裂开，那先前裂开的芝麻就已掉落了。

收获作物时使用的农具多而复杂，且不同作物使用的农具不尽相同，主要有镰刀、稻桶、地簟、谷耙、箩筐、抬匾、毛草耙、吊挂、菱角桶等。

 水稻是浙中最主要的粮食作物。早期水稻一年只能种植一季，夏末收获，亩产能有200公斤已经是很不错了。后来人民公社推广双季稻栽培，口号是"年产超纲要（400公斤／亩）"。随着杂交水稻的推广，粮食产量开始飞跃，口号是"年产超双纲（800公斤／亩）"。双季稻栽培时期，收割早稻和种植晚稻时间是十分紧凑的，农民习惯称此时期为"双抢"，是最紧张、最繁忙、最辛苦的季节。稻谷的收割在骄阳始出后进行，这样可以减少晾晒时间。七月酷暑天，在密不透风的稻田里抢收水稻，汗流浃背，皮肤晒得油光发亮，即使是老农夫，一个"双抢"下来，也会脱掉几身皮。

收割稻麦等禾本科作物，使用的农具是一种带刺的镰刀，农民习惯叫"芟"。由半月形的铸铁和木制的把柄组成，铸铁的月形凹面上刻着细细的锯齿，锋利无比。

芟

水稻收割，云和县崇头镇

稻谷脱粒，云和县崇头镇

脱粒

水稻需边收割边脱粒，使用的农具叫"稻桶"，由稻桶、稻桶簟和稻桶垫梯三部分组成。平原地区的稻桶为正方体。稻桶垫梯是梯形框架的隔垫，框架上等距离固定着几根竹条，垫在稻桶里面，水稻穗拍打在稻桶垫梯上脱粒；稻桶簟为竹编，和晒谷的地簟很像，就是细小些，环绕在稻桶内沿，防止拍打时稻谷外泄。"打稻多抖抖，换来割稻酒；打稻多弹弹，换来割稻饭。"永康人称水稻脱粒为"打稻"，需要十分的力气和技巧。力度若不够，则稻谷脱粒不干净，是农民最忌讳的。所以，水稻的脱粒都由正劳力担当。

山区的田与田之间落差大，正方体的稻桶大，搬运不方便，所以山区的稻桶多为圆的，而且有大有小、体积不一，但结构还是由上述三部分组成的。

脱粒用的稻桶，永康市新店乡

稻桶簟

圆稻桶

稻桶

地簟基

收获的农作物需要晾晒，以前没有水泥地，稻谷等都晒在一种叫"地簟"的农具上。地簟为竹编，长约4米，宽约2米。每个村里几乎都有一个供村民铺摊地簟、翻晒谷物的场所，永康人称其为"地簟基"，其实就是一块空旷的平地。地簟基农忙时用于晒谷物，平时也是村里商议大事时的聚会地，到了春节闹元宵时则变身为龙灯盘旋取闹之地。

地簟基是农民主要的晒谷场，永康市岩后村

地簟

晒谷，云和县崇头镇

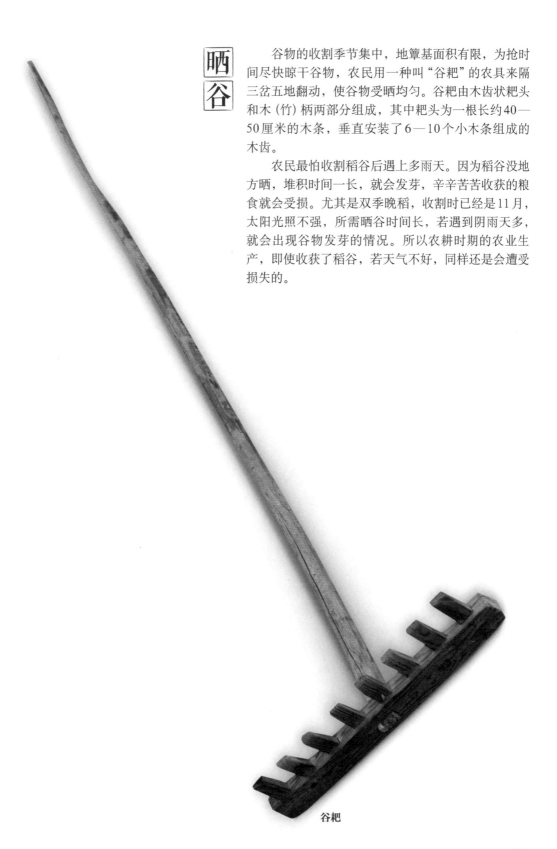

晒谷

谷物的收割季节集中，地簟基面积有限，为抢时间尽快晾干谷物，农民用一种叫"谷耙"的农具来隔三岔五地翻动，使谷物受晒均匀。谷耙由木齿状耙头和木（竹）柄两部分组成，其中耙头为一根长约40—50厘米的木条，垂直安装了6—10个小木条组成的木齿。

农民最怕收割稻谷后遇上多雨天。因为稻谷没地方晒，堆积时间一长，就会发芽，辛辛苦苦收获的粮食就会受损。尤其是双季晚稻，收割时已经是11月，太阳光照不强，所需晒谷时间长，若遇到阴雨天多，就会出现谷物发芽的情况。所以农耕时期的农业生产，即使收获了稻谷，若天气不好，同样还是会遭受损失的。

谷耙

125

麦子

一年中最早收获的五谷粮食就是麦子。浙中一带，一般在四月下旬开始收获大麦，五月后收获小麦。大麦多芒，麻雀不喜欢抢食，且生产期短，不会耽搁水稻种植，所以以前农民很喜欢种植它。过去大麦主要用来充当猪饲料，现在永康一些加工麦芽糖的农户还会少量种植大麦（制作麦芽糖须用大麦发芽）。人民公社时期，推广麦一稻一稻三季栽培，小麦种植全面普及，但现在少有人种了。

收割大麦，永康市叶宅村

小麦脱粒，缙云县

仙茭杆需要后熟本事再脱粒。永康而白岩下村

油菜

春季收获的油料作物，取其菜籽可榨油。油菜籽收割后需晾晒后熟，待每角菜荚老熟后才可脱粒。油菜籽的脱粒方式各地不同：用手搓、用稻桶踩踏、用木棍拍打……农民按照自己的习惯操作。

簸是油菜籽去杂壳的第一个环节，永康市柘坑村

拍打脱粒油菜籽，缙云县

玉米

玉米是旱地种植的主要作物。玉米分春玉米和秋玉米，以前种玉米主要是充当粮食，所以种的多为秋玉米。收获玉米，永康人称为"掰玉米"。玉米必须经过晾晒后熟才可以脱粒。"玉米钻"是专门用于玉米脱粒的工具，由一根用生铁锻造的长扁垂体的钻和木柄组成。

信用农户

剥除玉米衣有利于晾晒，也是脱粒前必须完成的步骤；丽水市松阳县

玉米脱粒不借用钻是很难下手的，永康市象珠镇

玉米钻

豆　豆科作物耐旱、省肥。土质差的丘陵旱地、田头地角、田埂等都是农民用来种植豆类的地方。

豆科作物品种多样，按季节分，有早豆、晚豆；按颜色分，有黄豆、黑豆、红豆、绿豆等；按用途分，有用来加工豆制品的，有用来专门抽豆芽的，有专门用于包粽子的，等等。

豆类收获后需要通过晒太阳后熟，再用一种叫"吊挂"的枷子拍打脱粒。吊挂由一根木棍、木轴、5—7根竹条或木条制成的拍片组成，是经常用来拍打小类作物脱粒的农具。

拍打是使豆科植物脱粒的主要方法。永康市荆州村

吊挂

早豆拍打脱粒，永康市荆州村

高粱收割，永康市象珠镇

高粱

　　高粱是最耐旱的农作物，一年收割两次：一次在盛夏，一次在深秋。高粱成熟时间不一致，收高粱时是成熟一批收割一批。第一次收割用"芟"割穗，前前后后半个月左右才能割完，第二次收割持续的时间更长，但都得在霜冻前收割完成。高粱产量较高，是酿酒的好材料。高粱的脱粒比较简单，用一块竹板可以直接刮脱。

高粱脱粒，永康市象珠镇

锄挖毛芋，永康市新店村

毛芋是收获季节最长的作物，从六月开始收获。毛芋成熟后，割去地表上部的禾叶，再覆土，吃的时候取出些许，这样可以一直吃到次年4月。

"一丘萝卜一丘芋，半年不要开谷柜。"萝卜、毛芋是永康可以替代粮食的大宗作物，家家户户都会种植。

收取毛芋（包括番薯、土豆等）主要使用一种叫"两角铢"的锄头。相对于一般锄头，它接触土地面积小，对地底下农作物的伤害低，所以常用来收获地下的农作物。

两角铢

菱角

菱角是盛夏收获的水生作物。过去田畈中分布着许多水塘，用以积聚雨水，保障农田浇灌。农民利用这些水塘种植菱角等水生作物，以增加利用率，提高收益。

菱角于六月开始成熟，采集时间可以贯穿整个夏季。菱角采集一般在凌晨三四点钟进行，这时采集的菱角新鲜好吃。采集菱角需用两只菱角桶，一只用来坐人，一只用来盛放菱角。人坐进水上的菱角桶后需注意保持平衡，保持不好则会翻桶，掉入水里。菱角桶有圆形桶和椭圆形桶两种，圆桶的样子与大的圆形稻桶差不多，高度比稻桶小许多。

菱角桶

采摘菱角，永康市东村

棉花

棉花是用来加工制作衣物和御寒被褥的主要作物，于秋季收获，农耕时期普遍种植。人民公社时期，国家统一收购棉花，农民种植棉花后换取棉票，再来购买布匹。棉花成熟采摘时最怕下雨，农历八月正值摘棉季节，却经常遇到绵绵细雨，导致棉果不开裂甚至腐烂，严重影响棉花的质量和产量。自从布匹市场放开，购买布匹不再使用棉票后，棉花种植业很快大幅萎缩。

采摘棉花，新疆阿克苏

草刀

柴刀

钩刀

去头去尾收甘蔗，永康市坑口村

甘蔗于十月开始收获，一些地方用来制糖，一些地方用来销售。收取甘蔗一般靠人工手拔，为了运输方便，通常用镰刀把叶子和根部砍掉。

镰刀是收割时使用最多的农具，没有锯齿，长把柄。根据用途的不同，镰刀的形状亦有区别。用于砍枝叶的，永康人叫"柴刀"，刀面多呈90度直角；用于割杂草的，形状有点弯，永康人叫"草刀"；用于砍树木的刀面长弯角小，永康人叫"钩刀"。山里人出门时习惯在身后挂着刀架，里面插着镰刀，这把镰刀上山时可以砍挡路的枝叶，下地后可以收割庄稼。

茶叶

春季是采摘茶叶的主要季节。早期，农民主要利用田间地角种几棵茶树，自制茶叶供饮用。20世纪60年代，政府组织在低丘红壤处种植茶叶。兴旺时期，永康的茶园达万亩以上。

晾晒茶叶：永康市花川村

把架，磐安县冷水镇朱山村

毛草耙 毛草耙是一种竹片编制的耙，耙头由6—10根竹片扭弯成扇状编制而成，比较软，接触地面柔和。晾晒谷物时，也用其清理杂叶杂物，但由于太软，很难深入底部翻动谷物，所以不可替代谷耙。毛草耙的耙片比较长，很适合耙枯枝树叶和落叶松针，故而得名。农耕时期取火的材料主要是柴草、秸秆，每天烧饭做菜需要大量的柴火，所以柴火资源十分紧缺，农民时常会用毛草耙耙取枯枝树叶充当柴火。

毛草耙

耙松针·永康市盘龙谷

去杂

收获五谷后为筛选谷物，节省储存空间，方便取食，储存前都会经过一道道复杂的去杂工序。辛辛苦苦忙活大半年得来的粮食，无比珍贵，好的、一般的、差的……农民会利用各种农具反复且精心地剔选，并分门别类。所以给谷物去杂的农具特别多，有风车、筛谷簏、谷筛、米筛、糠筛、抬匾、座团等。

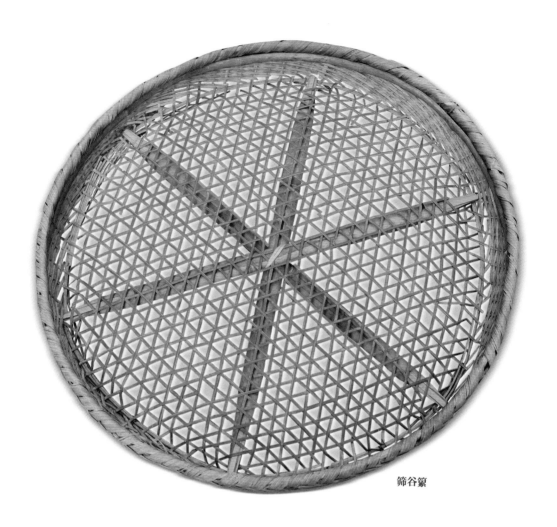

筛谷篾

篾 篾是谷物去杂的第一道工序。把颗粒状作物脱粒时残留在作物中的杂物筛除，所用的农具叫筛谷篾。筛谷篾为竹编，圆形，直径约60厘米，沿高10余厘米，筛孔有大有小，多较稀疏。筛谷篾除了用于谷物去杂，也经常用来筛选草木灰，还是平时晾晒农作物等的工具之一。

簸谷是脱粒后的第一道清杂程序，云和县崇头镇

扇 　　扇是谷物去杂的第二道工序。稻谷、大小麦等晒干后，将其中的瘪谷、杂壳用风车扬弃。风车由木制的正方形漏斗、长方体中空风箱组成。接漏斗处为一扇可以开关的斗门，风箱里面右侧配制嵌入由木片木轴制成的风扇，左侧设一个出风口。谷物倒进漏斗，右手转动风扇，左手把控漏斗开关，利用风力，把一些瘪谷(永康人称为"哈谷糠")等扇出。

　　谷物收获季节集中，晒场空间小，用风车扇除瘪谷可以避免瘪谷占用晒场空间。勤快者在当天晒谷后，就会用风车扇除瘪谷。一茬谷物收获后，至少会扇剔两次，一次在晒谷中期，一次在入库前。

风车

风车的作用是去瘪壳，永康市舟山镇

筛是小颗粒农作物去杂的重要工序，永康市石湖口村

筛 小颗粒作物如油菜籽、小米、芝麻等，用风车去杂很难把控，一般用米筛去杂。米筛是用来筛选去杂的竹编农具，大小如同筛谷簏，孔眼直径一般在0.3厘米左右。它主要的作用是在稻谷脱壳后筛留大米，但也会用来给很多小粒的作物筛除杂壳等。

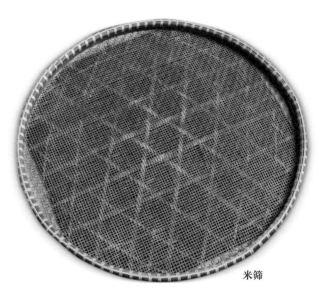

米筛

抬匾用于分离谷物的饱瘪和好坏，永康市舟山镇

拜 "拜"是永康土话，指的是人用双手捏住抬匾左右两端，有节奏地上下摆动，利用谷物上下跳动产生的风力将瘪谷、杂物等归拢到抬匾的前端，然后逐步扬出，达到去粗存精的效果。拜是小颗粒作物去杂的程序之一。拜的工具为抬匾，由竹篾编制，圆形，直径比米筛大，约100—120厘米。风车扇稻谷时，一些半饱满的谷粒会被剔扇出来，农民称它们为"半粒谷"。辛苦大半年获得的粮食，即使是不饱满的，农民也舍不得丢弃，通过拜的方式，可以把半粒谷分离出来另作他用。

抬匾除了用来分离、剔除杂物外，也可作晾晒食物的工具。

抬匾

座团为承接筛物的主要农具，永康市里领脚村

座团是谷物筛选时最常用的承接农具。座团为圆弧底，直径约110—120厘米，高30厘米左右。用米筛、谷筛筛选谷物时，几乎都是用座团承接，它的大小恰巧约等于人筛物摆动时的直径范围，可以确保谷物落在里面。

座団

浙中丘陵，多山坡少平地，经祖辈艰辛垦荒后形成田地，大小不一、参差不齐，且田地之间高低落差大。农田道路以田埂为主，弯弯曲曲，狭窄细小。农业生产资料和劳作成果的搬运，只能依靠肩挑人扛。20世纪80年代，机械运输已经在平原推广普及，但在永康许多的丘陵农田里，就是小型的拖拉机都难以进场运物。

搬运贯穿于农业生产的整个过程。运送生产资料，收获劳动成果，都需通过人工搬运。松散的、颗粒的、流质的、大件的、沉重的、轻盈的……搬运物的重量和体积差别大。为减省搬运路耗、减轻负担承重，一代代农民先辈发明制作了各种搬运农具，通过扛、挑、背、推、拉等形式，使其达到最佳的搬运效果。

最常使用的搬运农具有扁担、担楤、担柱、柴楤、独轮车、双轮车等，用于盛载的农具有箩、筐、畚箕、菜篮、尿桶等。

扁担为最常见的扛、挑农具，武义县

　　扁担是最常用的扛、挑农具，一般和箩筐、畚箕等配合使用。扁担按材质分，有竹质和木质两类；按形状分，有翘头扁担、两头钩、两头钳等。力气大的农民，一次能挑起100公斤的重量。扁担的承受力相当重要，挑不了重担或在半路折断，不仅会带来麻烦，还会造成谷物损失。所以每户农家都有很多扁担，可根据实际情况选择使用。

　　"扁担横起有好吃，扁担竖起饿瘪直。"农耕时代，父母会做小扁担，让孩子挑担来练膀力。20世纪70年代，很多乡村兴办五七学校，专门给学生配扁担，教育学生边学习边劳动。

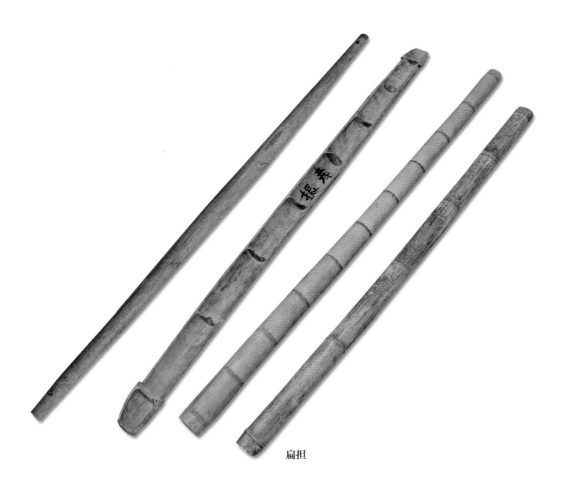

扁担

担
楤

　　担楤是用于挑运松散的农作物（如豆类、稻草、树枝等）的农具，由一根两头削尖的木棍、两套绳索和麻索轭组成。将作物用绳索捆扎后，用麻索轭扣紧，这样不仅捆扎的数量多，而且不易掉落。

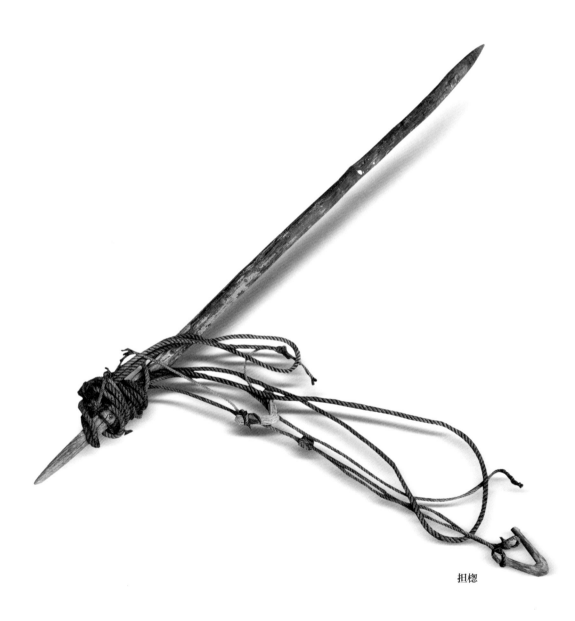

担楤

利用轭捆绑蓬松的农作物，使担楤挑量达到最大

上图，永康市棠溪村上徐

下图，永康市塘里坑村

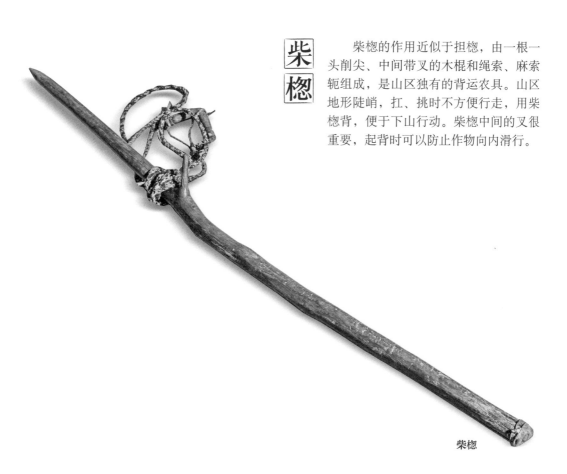

柴惚

柴惚的作用近似于担惚，由一根一头削尖、中间带叉的木棍和绳索、麻索轭组成，是山区独有的背运农具。山区地形陡峭，扛、挑时不方便行走，用柴惚背，便于下山行动。柴惚中间的叉很重要，起背时可以防止作物向内滑行。

柴惚

柴惚最适用于山区的背扛
左图，永康市棠溪村上徐
右图，永康市沅口村

177

担柱

担柱是不可缺少的助力农具。将一根硬木棍靠近顶部的一侧略削平成直角，用其凹陷部位卡在扁担上，用另一侧肩膀抬扛，可以分担约三分之一的重量。将担柱顶端削成带凹形的头，人累的时候用其顶挂扁担，扁担卡在凹槽内不易打滑，方便人小歇喘气或互换肩膀。担柱在起挑或上下台阶时也可以支撑腿力；在狭窄的田埂行走时，可以把控平衡。很多担柱的底部嵌有铁钻，为的是减少磨损。

担柱

担柱的助力功能，云和县崇头镇

独轮车

独轮车是适宜在羊肠小道推运的农具。独轮车凭借一个轮子着地在田间穿梭，一次最多可以搬运上千斤物品，比肩挑人扛省力许多。独轮车搬运时需要技巧，新手就是在平坦大道也会东歪西倒把控不好，只有老手可以在羊肠小道上健步如常。这主要依靠手力和脚力的平衡：手撑平，脚撑开，绷带绷紧，上坡要弯腰，下坡往后挺，若车上重量分布不均衡，有时需添块石头，以保证平衡。

独轮车的构造比较复杂，由车架、车轮、绷带、绷绳、拉绳、车柱组成。车架为硬木条组装而成，用于盛放物件；车轮安装在车架的中间，早期为木轮，现使用的是钢圈橡皮气胎；绷带由麻编制而成，两端制成套头套住车的把手，供人抬拉；绷绳用来把作物固定在车架上不致掉落；拉绳系在车头两根大梁中间，上坡时，由一人在前牵拉；车柱是在装车时供人倚靠以求重量平衡。

独轮车

独轮车使搬运省力了许多，永康市塘头村

独轮车运肥，永康市舟山村

车柱顶着独轮车，防止两边重量不等时侧翻；永康市塘头村

双轮车的运载量最大，永康市大路金村

双轮车

双轮车运的东西比独轮车多，而且用起来省力，技术要求也不高，所以道路比较好的村庄喜欢配制双轮车来拉物。双轮车的基本框架为两个车轮和车架。两个车轮通过钢轴连接，安装于车架两边。车架为长方体，有木质和竹质两种。车架的前端是由两根直木和一根横杆组成的可以伸缩的拉架，人拉着前进。平时不用时，拉架可缩放进车架下面，减少空间。后部有一块可以活动的长方形木（竹）板，用以防止物品掉落。

双轮车

畚箕

　　畚箕是最常用的盛物农具，除了颗粒状谷物外，几乎所有固态的东西都可以用畚箕搬运。农民下地干活时，最常带的农具就是锄头和畚箕。开个沟、搬移泥土、盛放拔的猪草、携带作物，都依靠锄头和畚箕。

　　畚箕是极为普通的竹制品，由畚斗、提架、套绳组成。畚箕两只为一副，有大有小，一般配对使用。搬运猪粪的畚箕一般没有畚斗，因为猪粪对畚斗有腐蚀性，农民舍不得使用，所以畚斗直接由竹片固定制作而成。

畚箕

畚箕为搬运农作物时最常用的农具，永康市石湖口村

笾 笾是搬运颗粒状谷物的农具。笾有大有小，永康人把大的叫"大槽笾"，小的叫"小槽笾"；两只为一副，底方上圆。用于搬运谷物的一般是"大槽笾"。一只笾可装30公斤以上的干谷，或50公斤以上的湿谷。装满湿谷后，一左一右两只笾加起来有200多斤，只有家里的正劳力才能挑起。农耕时期，家家户户少不了笾，数量多的家庭有10—20副。笾由笾筐和笾绳组成，笾筐为毛竹编制而成。前文提到的"篾丝笾"笾身是用竹丝编制的，比一般笾重，透水性能好。

槽笾

箩最常用于搬运颗粒状谷物，永康市岩洞口村

尿桶 尿桶是搬运人肥的农具。尿桶是木制品，是由一块块略带弧度的老杉木拼组而成的圆柱体，桶的中间有两块木板高出一节，高出部分的中间凿有小圆孔，另用一根藤木做成两个钩，套进圆孔内连起来，永康人称该藤木为"尿桶挂"。以前尿桶挂也是农副产品，在市场上有出售。

尿桶

尿桶是搬运水、人粪等的农具，永康市象珠镇

竹籃

竹篮可提可挑，可装农作物也可放农具；永康市台门村

　　竹篮是搬运小件物品的农具，由一个直径约80厘米、高约50厘米的圆形竹框和竹架固定而成。以前农忙时常用于存放"芰"。这种竹篮可手提可肩挑，尤其适合挂在厨房等的楼阁上。

菜篮 菜篮有大、中、小多款，农事上用的一般是大号的，叫"大菜篮"，用来在田间盛物。菜篮提拎起来比较方便，经常用来盛毛芋和茶叶等农产品，一篮可以装盛20公斤毛芋。菜篮用竹片编制而成，农用的菜篮编制得比较粗糙但结实，家用的菜篮编制得比较精细。

菜篮

几乎家家必备大菜篮、常用于盛搬毛芋；永康市厚吴村

竹筐结构简单，有高有矮，使用范围广；永康市舟山镇

竹筐

竹筐是竹片编制的盛物农具，比较简陋，大小种类有些区别。采集桑叶的竹筐相对高大些，因为鲜嫩的桑叶经不起挤压，高大些的竹筐可以盛装更多的桑叶。竹筐是养蚕农家普遍使用的农具。有些地方也叫它为"竹篮"。

竹筐

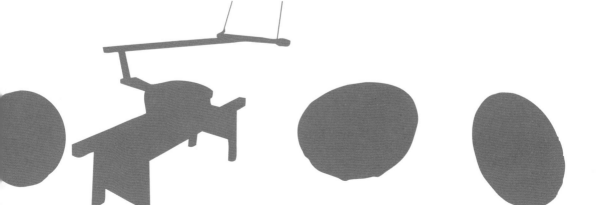

立冬 （公历 11 月 7 或 8 日）
立冬无雨一冬晴

小雪 （公历 11 月 22 或 23 日）
小雪雪满天，来岁定丰年

大雪 （公历 12 月 7 或 8 日）
十月下雪，饭铲压斜

冬至 （公历 12 月 22 或 23 日）
冬至浓霜，夏至红光

小寒 （公历 1 月 5 或 6 日）
小寒大寒，冷成冰团

大寒 （公历 1 月 20 或 21 日）
三九四九，冻死老牛

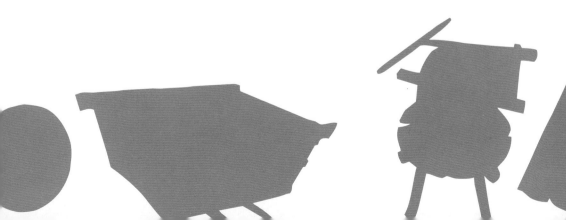

汉宫春·冬

胡松植

凛凛威威，对北风扫雪，莫叹萧疏。

研粗调细，正好美食精图。

穿行住用，借天闲，也备长需。

天厚德，勤收俭敛，相期物物胥胥。

却道雪埋冰锁，可开怀放目，走马奔车。

相逢论今析古，对酒当炉。

三街六巷，更诗书，琅若崩珠。

谁得趣，修齐之悟，当胜十万欢娱。

秋收冬藏。如何存放花样繁多的农作物果实，如何保证收获的果实能长期保存而不变质，如何确保来年作物种子的供给，等等，都需恰当的储藏作业来保证。以前没有空调和相关电器设备，农民如何能妥善地把不同的作物储存好，并保证每年都有足够的种子来繁衍后代，靠的就是一代代农民不断摸索创新的储藏手段。

在以自给自足为典型生产方式的农耕年代，农民以满足自己生活所需为前提来安排农作物的种植。各种五谷杂粮和瓜果蔬菜，不管多少都会种些，收获回来的都需储藏。而农业生产所得的副产品、下脚料，不管是用来养畜还是制肥，也需要收集和储藏。所以，储藏不仅对象繁多，而且方式多元。

五谷常用的储藏农具有谷柜、陶缸、陶瓶、陶罐等。

谷柜为家家必备的粮仓，永康市沅口村

柜藏

　　柜藏主要用于稻谷、玉米等粮食的储存。那时，家庭一年的粮食都需自己存储。储存粮食的用具，永康人称为"谷柜"，为木制的长方体橱柜。一个谷柜可以存放十多担稻谷，一年的口粮基本全部存放于此。一般一户人家只有一个谷柜，有两个谷柜的不是大户人家就是富裕人家。

　　标准的谷柜为两个边长1.1米的正方体连体柜。过去市场上有人专门销售建谷柜的八尺板（2.2米长），却少有谷柜直接买卖，因为谷柜体积大，搬运不便。农民买回谷柜板，把一部分谷柜板从中锯开作为短边，然后自己就可组装。谷柜一般安放在楼上干燥处，安装后就很少移动。

　　平时人们常常会用一些五谷杂粮来填饱肚子，尽量减少谷柜的开启。"一丘萝卜一丘芋，半年不要开谷柜。"到开春，看到谷柜里还有满满的粮食，心里就特别踏实。为祈祷丰衣足食，年关贴春联时，谷柜上是必贴的，一般多为斗方"丰"和"五谷丰登"字样。

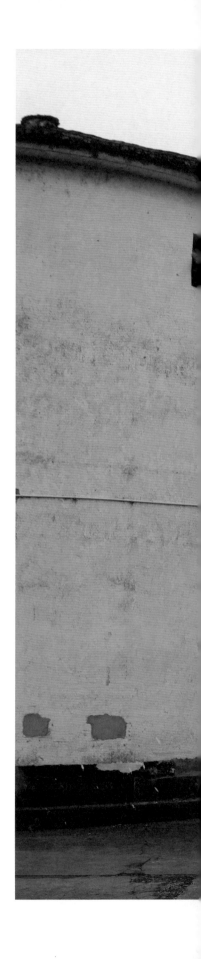

粮仓　粮仓是人民公社时期建造的储粮库。在"深挖洞，广积粮，不称霸"的口号号召下，以大队或生产队为单位，农村里纷纷建起专门的粮仓来储备粮食。永康市下柏石村的四个生产队，就建有四个粮仓。村里建的粮仓普遍比较小，为圆柱形、砖瓦结构，地表用沥青、油毛毡涂抹防潮，上部开有小窗或门，底下门口处设置几块木隔板，结构简单。粮食直接堆放进粮仓，门口处用木板隔着，等门口差不多堆满后，就关住门，从窗口处继续堆放。

人民公社时期集体的粮仓，永康市排塘村

罐藏

　　罐藏主要用于种子及小众五谷杂粮的储存。瓶罐为土窑烧制的陶器，盖上陶盖或沙袋后密不透风，能防止作物受潮变质，同时防止老鼠啃咬，是农户最喜欢用来存储各种小众杂粮、种子的方式。每户农家都有很多大大小小的陶瓶、陶罐。

陶罐

陶罐常用于小众物种的储存，永康市柏岩村

陶缸、陶罐等，永康市黄塘山村

洞藏

山洞冬暖夏凉，相对恒温。山区的农民都会在自家附近的山脚或山坡上挖一个洞，用于越冬作物的储存。山洞藏物可以保鲜达半年之久，而且可以重复使用。

洞藏，多用于存储越冬的番薯、生姜等块状作物。山民选择表皮完好，没有破损的番薯、生姜等，小心放入洞穴，而后用泥土封住洞口。封存时，洞口插两根空心小管供作物呼吸，外面覆盖掩盖物。开春取出作物后，山民会重新封住洞口，防止老鼠等进洞做窝，保持洞穴内干干净净，为下一次储存做好准备。所以，平时你在山区是看不到洞穴的，只有山民自己知道哪里有藏物的地方。

洞藏的时间选择是有讲究的，过早储藏，天气暖和，作物自身呼吸强度大，容易导致储存环境温度过高、厌气过大而腐烂；过迟储藏，容易遭受冷空气袭击，冻伤作物，时间长了容易腐烂变质。所以洞藏的最佳时间一般是霜降后、小雪前。

洞藏番薯越冬，永康市里岭脚村

封存番薯的过程，永康市竹川村

土藏

把收获的农作物埋在土里越冬叫"土藏"，也是防止冻害的一种方法。一般立冬后，农民开始土藏。土藏甘蔗时，先挖坑，上下用甘蔗叶铺垫好，中间放入甘蔗，表层用泥土封实，年关前，取出上市，或继续留以来年做种子。

土藏必须注意三点：一是选择地势相对高凸干燥的土壤，便于排水，同时在四周必须开排水沟，避免土坑积水或内部湿度过大；二是覆土时必须留足呼吸口，便于储物呼吸；三是覆土必须严实，在整个储存期都不可以有漏水现象，否则作物容易变质腐烂。

芋艿也是可以土藏的。它的土藏方式比较简单，在立冬前把地表的芋叶割去，覆盖些杂草或稻草，保持土壤不积水，想吃时挖出即可。

土藏甘蔗，永康市池宅村

堆藏　堆藏最典型的是堆建稻草蓬来储存稻草。稻草在农耕时期作用很大，可以用来打草鞋，用来喂养牲口，用来当柴火烧饭，冬季还可以用来铺垫床铺取暖，等等。所以以前的稻草是不会被丢弃的，少则储存于阁楼角落，多则搭建稻草蓬来储存。稻草蓬有大有小，有简单的也有复杂的，一般养牛户搭建的稻草蓬比较大。稻草是耕牛在冬季的主食，养牛户会早早地储备稻草。自家种植的稻草若不够，还会购买稻草，并搭建稻草蓬以备耕牛越冬使用。即使是现在，农村里大凡稻草蓬搭建的地方，一般还有养牛户存在。

搭建大的稻草蓬必须有支架，或依靠大树，或打个柱桩。搭建时必须由两人协同操

稻草叉

220

作，一人用稻草叉传递稻草，一人环绕柱桩踩叠稻草，最后在最上面用稻草打结扣紧。稻草叉的主体是一根长度超过2米的杆子，顶端套装了一个铸铁做的叉子。

标准的稻草蓬，中间大两头尖，形状似纺锤体。其上部如同一把雨伞，下雨时雨水沿着稻草向外流，保证内部不会被雨淋；下部往里缩，雨水不会滴到基部的稻草使其沾水糜烂。稻草蓬若堆叠不匀称，会塌棚；顶部稻草若扣打得不结实，缝隙会漏水，经日积月累的渗透，内部稻草就会霉烂变质。一般抽取稻草时，多从中间开始，上面的盖帽一直保持着遮挡雨水的作用直到最后。这样，整个稻草蓬在使用期间能全然不受雨天的影响，这等功夫不是一般农民都具备的。

堆叠稻草蓬，永康市沅口村

两脚梯

挂藏

挂藏是储存种子的主要方式。种子是农民的命根子，是来年丰产的希望。以前没有杂交育种的技术，所有的种子都是直接从田间选育的。农民选出田间生长力强、发育好的单株，单独收获存储。其储存方式除了用陶瓶外，比较多见的就是吊挂于楼梁。吊挂藏种，既能保持干燥，老鼠又咬不到，是最安全、最保险的储存方式之一。

两脚梯是农家上下楼或爬高时普遍使用的工具，有高、矮、大、小不同的种类，按材质分有毛竹梯和木质梯，每户人家根据自家楼层的高低灵活配置。

挂藏土豆，永康市金坑村

储存草木灰的灰铺，永康市榉坑村

灰铺

灰铺由稻草编制而成，作用是存放草木灰。冬季是烧制草木灰的主要季节，烧制好的草木灰如果遭受雨淋，肥效会挥发，所以草木灰烧制后都需建灰铺存放。有的地方建有专门存放草木灰的小屋子，一般为土木结构，没有门窗。这种灰铺的小屋子多为大户人家所建。

稻草灰铺必须和草木灰一起建。方法：先搓稻草绳做成一个圈，在圈上面铺垫一层稻草，放入部分草木灰，再竖放稻草做成外壁，而后一边放草木灰，一边再添入稻草并用稻草绳圈卷，直至把草木灰全装进去，最后在上面做一个稻草盖盖住。灰铺的大小根据草木灰的多少而定。以前很多村子里有灰堂，方便村民烧制、存放草木灰。冬天，灰堂上就会出现大大小小的灰铺。待塑料布普及后，用塑料布覆盖草木灰省时又省力，灰铺就慢慢消失了。

用稻草建灰铺以储存草木灰，永康市柘坑村

缸藏

用于盛物的缸，都是土窑烧制的陶缸。陶缸有大有小，品种多样。根据所盛物料的不同，各有其名：盛水的叫水缸，盛人屎尿的叫粪缸，盛猪食的叫饲料缸。

以前田间地头、房前屋后，到处埋有粪缸。粪缸也是人解手的去处，外面会再盖个稻草铺或小屋，永康人叫"屎缸铺"。

以前的屎尿是可以卖钱的。永康城镇的大街小巷时常可以看见推着独轮车的农民，车架上装着尿桶，边走边吆喝"换水播"（永康土话，意思是买屎尿），没有土地的城镇居民也会储存屎尿，卖给农民。所以，那个年代，别说农村的孩子，就连城镇的小孩也知道"肥水不流外人田"。

陶缸

茅坑，永康市枫岭脚村

通过碾磨把种植的五谷转化成为舌尖上的美食，是人们对美好生活不变的追求。在没有电力加工设备的农耕岁月里，依靠石器、木器，依靠人、畜推磨，去杂质、脱谷壳、磨细粉，提取食材的程序复杂且艰辛，但人们乐此不疲。

冬季，农田休养生息，于是人们有了许多的精力来碾磨谷物，为来年准备食材，为春节添加美食，为走亲访友研磨互送的礼品。由此产生了许多精雕细琢的五谷美食，代代相传，直至今日仍是舌尖上的精品。

碾磨时主要使用的工具为谷砻、石臼、石磨、水碓等。

谷砻

脱
壳

谷物脱壳用的工具有碓、谷砻、石臼等。碓有水碓、牛碓，基本构件都是碓杆、石槌和石臼，相比于谷砻和石臼，动力最先进的是水碓。水碓由叶轮、拨档、碓杆、石槌、石臼组成，叶轮的中轴上装有彼此错开的拨档，有落差的水柱冲击叶轮，带动拨档拨动碓杆，产生动力。水碓必须在有流水的区域才能碓米，而且受水流速度的影响。牛碓则由牛作动力。

无论哪种工具，脱壳都不可能一次性成功。一般的程序是边锤碾，边翻动谷物，而后取出，再用风车把谷壳扇除，接着用谷筛把已经脱壳的稻米筛出，余下的谷物再继续进行下一轮操作。过去，谷筛和米筛是不可缺少的工具。两者的形状、大小一样，只是孔眼大小有区别。谷筛的孔眼大，能筛下稻米；米筛的孔眼小，能留住大米，剔除谷渣。

舂米，云南

磨面

　　将谷物磨成面主要靠石磨。石磨由木架底座、两块石盘和支架组成，永康人叫石磨为"麦磨瓣"，叫支架为"磨奢匜"。上下两块石磨的磨槽相互配对，有深有浅、有粗有细，适用于不同谷物的碾磨。谷物不能一次磨碎成粉，应先粗磨，再细磨，经过磨—筛—磨的循环程序方能完成。牛磨是一种很大的石磨，用牛替代人力，其占地面积大，一般是一个村里配一个，有些大户人家也会单独配有。

石磨

磨面，永康市厚吴村

　　磨面时过滤细粉的过程称为"筛粉"，其工具叫"纱筛"，永康有些地方也叫"纱罗"。纱筛由竹片做成圆形边框，底面绷着纱网（蚕丝织成的叫"罗地绢"），用其分离粗细粉。筛选过滤后的细粉十分细腻，不合格的需要再返回碾磨，周而复始，直至筛选干净。以玉米为主食的山里人，有的还会置办磨柜来过滤。

　　磨帚是用来清理石磨槽缝余粉的工具，由棕榈树皮编制而成。

磨柜

纱筛

磨帚

面粉需碾磨、过滤，反复操作；永康市方山口村

舂麻糍，永康市棠溪村

永康人常用石臼舂食材。石臼，永康人叫"手臼"，由石臼和槌组成。槌，永康人叫"匜起头"，形状有大有小，材质有石头的和木头的，配套木棍使用。不同的槌可用来舂不同的物种或食材。

石臼早期用于舂米，待水碓普及后，一般用来给小众谷物（如小米等）脱壳。

石臼主要的功能是舂年糕、舂麻糍，是制作美食不可或缺的工具。

石臼、槌

"昼出耘田夜绩麻，村庄儿女各当家。"在以前，搓麻线、纺棉纱、织布匹，几乎是每个妇女的必备本领。人们平时穿戴的服饰，严冬时御寒的物料，都要依靠自己的劳动所得，所以人们对衣料异常珍惜。"新三年，旧三年，缝缝补补又三年"，正是农耕时期穿衣的写照。进入20世纪，纺织工业崛起，私人织布慢慢消失，但鞋、帽、带绳等许多生活必需品还是由自家妇女编织生产。

棉花是浙中丘陵用以加工制作衣物、御寒被褥等的主要作物。冬天穿的棉衣、棉裤，盖的棉被等，都来源于棉花。以前几乎家家都种棉花，收获后纺线织布来添加御寒的衣被。人民公社时期，由国家统一发放布票来买卖布匹，城镇居民有定额定量，而农民只有多种植棉、麻等销售给供销社，才可多兑换棉票以购买布匹。

用传统方式加工棉、麻所用到的工具多且复杂，主要有麻墩、弹弓、弹槌、压盘、纺车、盘丝车、梭、织布机等。

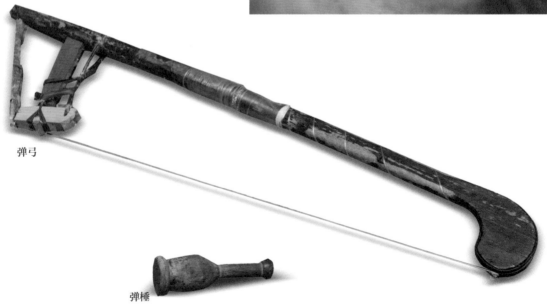

弹弓

弹槌

把棉花弹蓬松，是提高衣物御寒效果的主要手段；永康市官川村

弹棉花

弹棉花是纺纱织布的基础工序。棉花是织布的原料，也是制作棉絮、棉衣、棉裤等御寒物品的原料。弹棉花的主要工具为弹弓和弹槌，在棉花表面用弹槌反复敲打弹弓，使弓弦把棉花纤维弹得膨松。蓬松的棉花便于拉丝纺线，也有利于提高制成衣物的御寒效果。

每当大街小巷"弹棉花"的吆喝声响起，就说明天气已经开始转凉。弹棉花的师傅背着弹弓沿街寻找生意，老百姓有的弹新棉准备御寒衣物，有的把旧棉重新翻弹，使其膨松增加保暖度。

纺线

　　把弹好的棉花搓成一根根小棉花卷，这样搓成的棉花卷叫"居撅"。左手拿着居撅，右手摇着纺车，在不停旋转的线盘上抽拉成线，这个过程称为"纺线"。棉线是否粗细均匀，全凭吐棉拉线的快慢技巧，这是判断当时妇女治家能力的一个重要标准。

　　纺车由木底座和竹编的两个圆圈组成，两个竹圈分别凭两根木轴与底座中竖起的木轴固定，竹圈之间用麻线连接。

纺车

用蓬松的棉花纺线是织布的基础工作，永康市方山口村

把麻搓成线的工序称为绩麻。麻的品种较多，用于加工的主要有两类：用来编织麻袋、麻绳的"络麻"和用来加工衣物的"苎麻"。苎麻为多年生植物。把生长成熟的苎麻砍下，去其叶、剥取皮，反复刮皮去掉皮壳后只剩下坚韧的纤维，再取其纤维用手搓成细线，这个过程永康人叫"绵麻"。

绩麻是妇女的必备本领。以前家家必备小巧玲珑的麻墩。很多麻墩形似工艺品，四周雕刻有精致的图案（现多被收藏家收藏）。麻墩两个为一组，上端中间有一个小凹槽，里面放一些用灰瓦磨成的粉（光滑手指用）。使用时，用两个麻墩压在麻的两头，先从小槽蘸取少许瓦灰光滑手指，再不断重复绩麻步骤。

"披麻戴孝"一词中的"麻"就是苎麻制品。麻衣尤其适合在夏天穿着。麻织蚊帐的通气性好，也是过去普遍使用的，现在在山区偶尔还能看见。

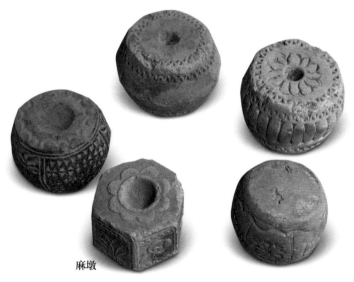

麻墩

绩麻就是把麻搓成线，
永康市方山口村

编织 编织布匹是一个很复杂的过程，将棉线变成布匹要经过十几道工序。编织用的工具叫织布机，结构复杂，基本结构由机架、布轴、提综架、脚踏板等组成。织布时，双脚踩踏脚踏板，牵动综架上下交替，使前后布轴的棉线交错，再用绕在织梭上的棉线反复穿过机架上的棉线，交织形成布帛。

梭

织布机

用棉线、麻线编织布匹，云南

草鞋

打草鞋

草鞋是过去农家最普通、最常见的鞋子，直至20世纪70年代，在农村还时有看见。编制草鞋的过程，永康人称为"打草鞋"或"做草鞋"，用的主要材料是稻草。使用前先用木槌将稻草锤软，有的也会加些旧衣裤的布条。打草鞋的工具有耙头、腰钩、耙扣、小木槌等。条件好一点的有专门的草鞋架，条件差的把耙头扣在一条长凳上就可以作业。

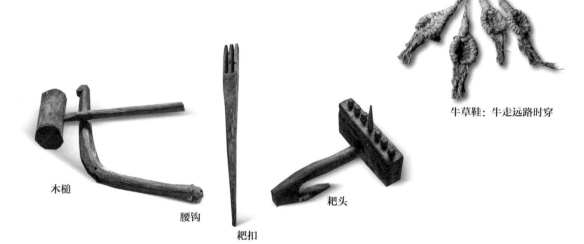

牛草鞋：牛走远路时穿

木槌　　腰钩　　耙扣　　耙头

用稻草打制草鞋，松阳县

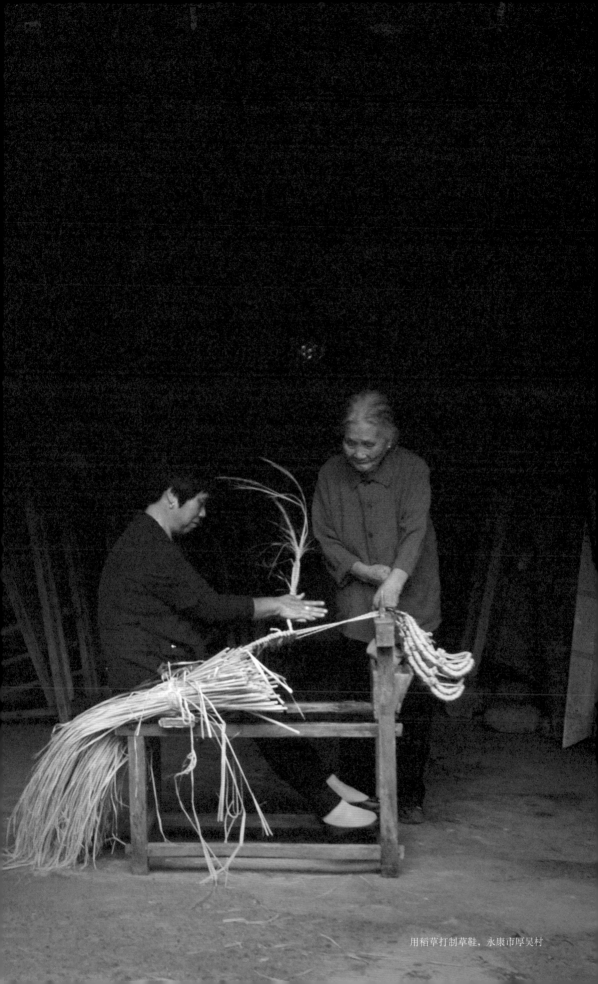

用稻草打制草鞋，永康市厚吴村

大自然不仅馈赠给人类食物、衣料，还赋予人类完善生活、美化生活的原材料。树木、毛竹、土壤，人们取其制作成器具、家具、生活用具。农耕时期的能工巧匠特别多。

冬季是砍伐树木、竹林的黄金季节。天冷以后，树木、竹林生长减弱，进入冬眠期，此时砍伐的树木、毛竹质地坚硬，不易霉烂虫蛀。

永康是毛竹主产区，尤其是山区，毛竹分布广而多。毛竹生长快，一年即可取料，所以竹器是在生产和生活中最常见、最多的器具。用来加工成竹器的最佳毛竹为二龄竹，这时的毛竹已经老熟，柔韧性好。毛竹的加工程序，因加工器具不同而有所区别，但剖竹、分层、刮削是必不可少的步骤。竹内囊比较脆，一般是不用的，只使用竹皮，永康人称其为"篾青"。制作劳动用具，如畚箕、篮子等，一般选用大竹，且将篾青留得较厚，这样制作出来的农具虽粗糙，但坚实耐用。而编织凉席、家用竹器等时，必须精心筛选小毛竹（竹节不易断），把篾青刮薄成柔软的丝或片，这样编制的用具细腻、美观。加工毛竹的工具比较简单，主要有篾刀、剑刀、刮刀和挑刀。

木材加工制成的器具坚硬，使用期长，永康人把木材加工分为五类，即：造厅堂楼阁的大木、制作家具等的小木、制作圆形桶等物件的圆木、雕刻精美图案的雕木，以及制作水车、稻桶等农用具的农木。木材加工分类细，是因为其使用到的工具和加工的手艺区别很大：大木体积大，但用到的工具相对简单；小木和木雕最为精细，用到的工具最复杂，刨有刮刨、线刨、边刨、槽刨等，锯有解锯、框锯、槽锯、绕锯等。

锯是加工毛竹和木材的第一道工序，永康市方山口村

锯 锯用以分割原材料，是竹木加工第一道工序中使用的工具。所有的木材、毛竹都要通过锯来完成最初的加工。锯有大有小，有直有弯，不管什么锯，都由金属钢锯齿和木框架组成。一般而言，分割木材的锯较大，分割毛竹的锯较小。

锯

竹器

永康人称加工竹器为"做篾"。永康市新楼乡方山口村村民徐明山，从13岁学做篾，至今已经从艺70年。他说："做篾和做木不同，做篾没有尺寸丈量，全凭眼力，是一门较难学精的手艺。把毛竹均匀分割成薄如毛发的竹丝，是一难；把竹片、竹丝编织成各种形状、各种款式、各种图案的器具且要求美观结实，是二难。"上新屋村的篾匠施广中16岁开始学竹编，至今已经50多年。他说："以前全村从事竹艺编织的有40多人，以编织农用具为业，随着农用具使用量的递减，至今依然坚守竹器编织行业的就剩我一人了。"

竹编器具，永康市新屋村

篾刀的形状和镰刀有些像，但它的宽度、厚度和弯度与镰刀均有区别。将毛竹去头锯尾后，第一道工序就是用篾刀剖竹，剖成一根根竹条；第二道工序是用篾刀分离竹条，提取制器材料——篾青。像畚箕、篮子等农用具，其分离的篾青比较厚实，直接可以用来编制。而像那些制作精致的家庭用具，经第二道工序分离后的篾青还需经过十几次再分离，把篾青分离成更细小的丝状。

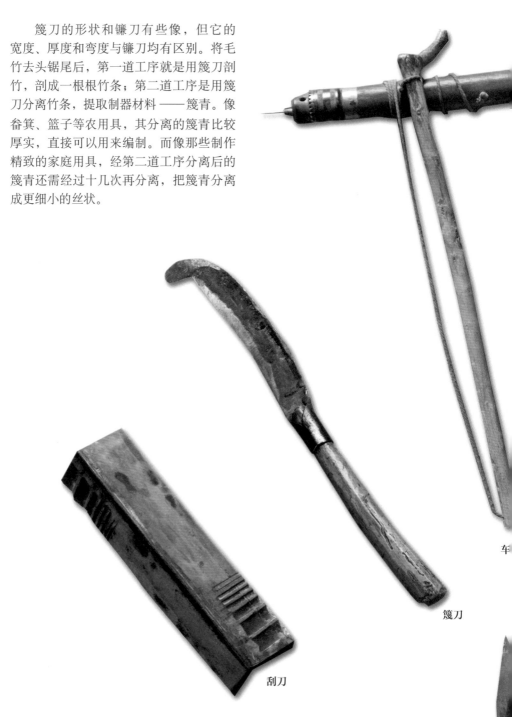

车

篾刀

刮刀

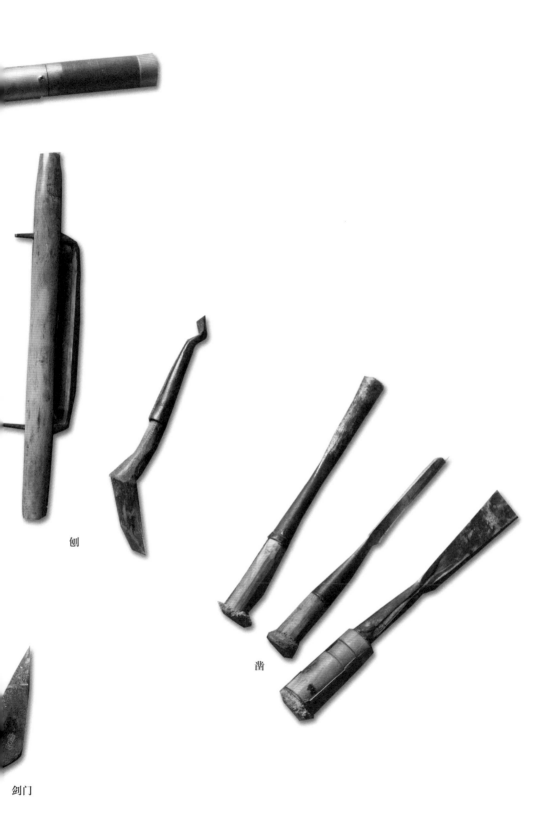

刨

凿

剑门

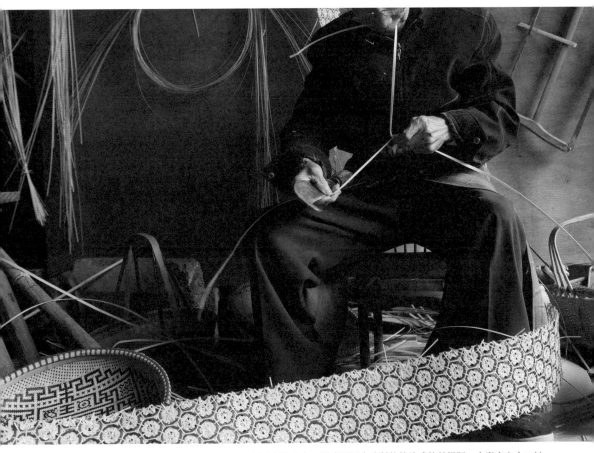

经反复的分离，形成可用来编制的竹片或竹丝粗胚；永康市方山口村

刮刀是最常用的刮竹工具，是长约20厘米、两侧各宽约8厘米的直角钢片，各刃口刻有大小尺寸不一的凹槽。把刮刀固定在长条木凳上，用以刮不同粗细的竹片或竹丝，使其光滑。

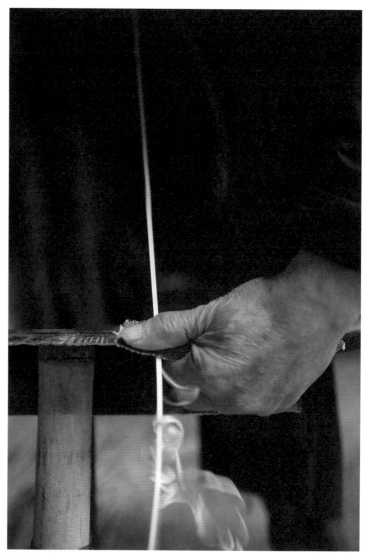

把最后分离的竹片或竹丝刮至光洁圆滑，永康市永祥乡

刮刀

编篾

用篾刀、刮刀、剑门刮出粗细、宽窄不一的篾丝或篾条，这仅仅是备料。到真正把篾丝、篾片编制成器具，还需要相当的工夫。编制一个农用具的工序相对少些，一般一两天就可完成一件。而编制生活器具，需追求实用、美观，工序就变得多而复杂。不仅要编制得精致，还要编些花花草草或者吉祥文字加以点缀。所以要生产一个生活器具，总是需要几天时间的细心编磨。

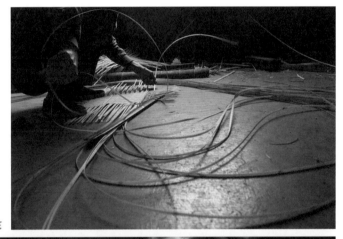

→ 编制箩盖，永康市永祥乡下处村
↓ 编织图案，用于美化竹器；永康市凌宅

剑门由两个形如花瓣的刀片组成，也是刮竹片最常用的工具。一片剑门固定在长条板凳上，另一片剑门根据所刮的竹片形状随时移动以调整宽窄，它的作用是把竹丝、竹片刮均匀。

剑门也是刮竹片必需的工具，永康市新屋村

剑门

竹器破了补补再用是常态，永康市永祥乡

篾拵 篾拵为长约10厘米、宽约2厘米的钢条，是修补竹器用的工具。凉席是以前盛夏时垫床的奢侈品，一般人家的一张凉席得使用一辈子，有点小洞就会修补，以免"小洞不补，大洞吃苦"。每逢初夏，专门有手艺人沿街吆喝，上门修补凉席。

每件物品来之不易，所以更显得弥足珍贵，破了就补一补，坏了就修一修，能用的绝不会丢弃。

篾拵

木器

　　加工木器的材料一般为硬木。第一道工序叫画线，木材取料加工首先需要画线定形。画线的工具叫墨斗，由笔槽、墨、笔线组成。将墨线固定在木材的一头，拉直墨线，因为墨线沾墨，经反复弹线，能使墨渗透木料达到定位目的。定量时使用的工具为鲁班尺。

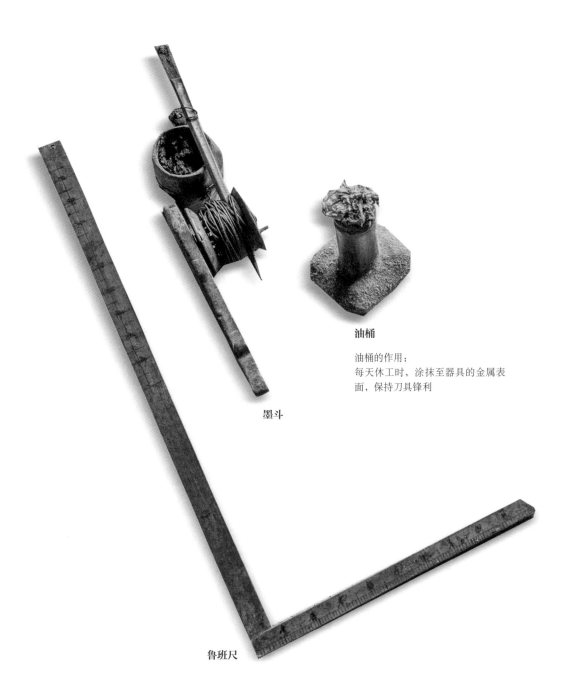

油桶

油桶的作用：
每天休工时，涂抹至器具的金属表面，保持刀具锋利

墨斗

鲁班尺

定线是原木分离的第一道工序，永康市象珠镇

斧和凿一般配套使用，永康市象珠镇

削凿

第二道工序是削凿，用斧削、用凿凿，把木料削凿成初步的形状。斧和凿由生铁铸造，配加木柄。凿有平凿、圆凿等大大小小十余种，不同的加工工艺所用的凿具不同。斧有大有小，斧面有宽有窄。两者根据加工需要，常常配合使用。

凿

斧头

刨

　　第三道工序叫"刨"，加工光滑木制品时必有这道程序，使用的工具也叫"刨"，大木的刨相对简单，而加工一件美观精致的小木器物时，其边边角角、里里外外都需通过刨来修磨润色，所以加工小木的刨特别多。以前，家有老人，总是要选择黄道吉日提前储备寿棺（棺材），等老人仙去时使用。建造棺材就属于做小木。

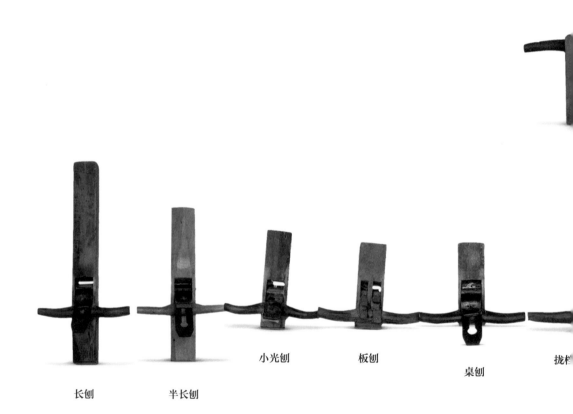

长刨　　　　半长刨　　　　小光刨　　　　板刨　　　　桌刨　　　　拢柿

刨有40余种，根据用途分，有推刨、浑刨、槽刨、线刨等。
制作不同的木器都有专门的刨。

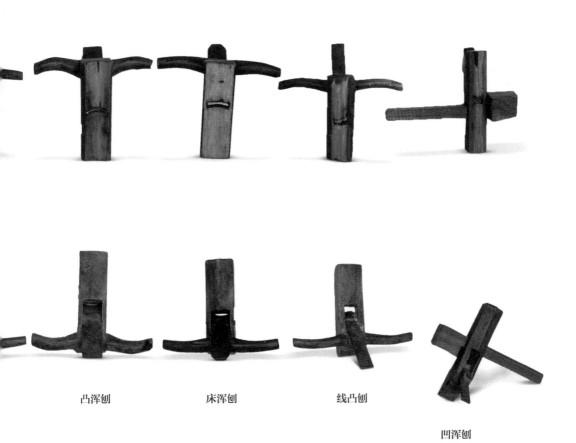

凸浑刨　　　　　床浑刨　　　　　线凸刨

凹浑刨

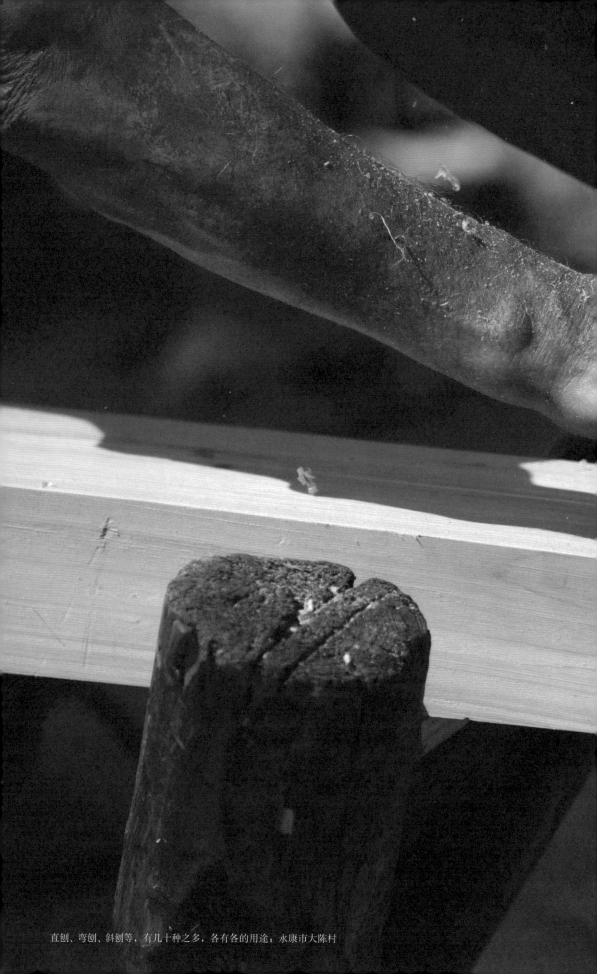

直刨、弯刨、斜刨等，有几十种之多，各有各的用途；永康市大陈村

陶器

加工陶器的原料来自水田底下的潜育层，永康人称其为"白水泥"，黏性和韧性好。制陶取材虽然很费时费力，但不用花钱，生产成本低。农耕时期，永康有多处烧窑坊，用来烧制大大小小的陶缸、陶罐。烧制大件的缸、罐时，做好土坯后需要上釉，进窑燃烧的温度必须达1200摄氏度。小件的土陶不需上釉，燃烧的温度达800摄氏度即可。制作陶器的工具主要是一个转盘，操作全靠手感。缸、瓶的制作定型依托转盘盘旋完成，其上装饰的小物件、小花草则全凭手工操作。

制陶器的人整天都和湿漉漉的泥巴打交道，年岁大了，艺人的手很容易患风湿或变形。

家庭用的陶器都是用水田底部的泥土制烧而成，永康市临溪村

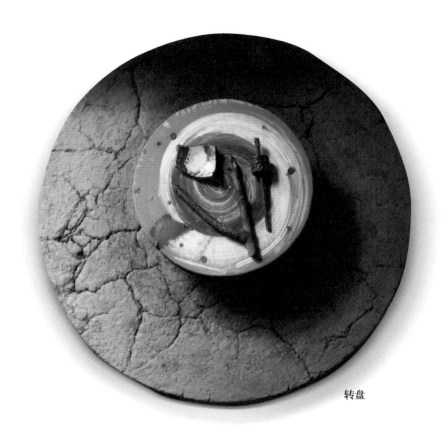

转盘

制陶器，永康市临溪村

文／楼美如

一桩心愿

《农耕》一书终于完稿了。尽管有诸多不如意，但总算了却了一桩心愿。

想当年，1977年刚恢复高考，我有幸被浙江农业大学录取。工作30年，我搞过农业科研、领导过基层农业，从事过农业区域规划和开发工作，管理过农业财政，与"农"结下了难舍难分之缘。尤其是1997—2006年，我负责农业综合开发和土地整理期间，将永康大部分可以改造的农田，从高低不平、灌排不畅、道路狭窄的丘陵田块，改造成如今"田成方、路成行、渠成网"的标准农田，推进了机械作业的普及。

看着田野中乌黑油光的身影渐渐减少，农民粗糙的双手变得光滑，我为之欣慰，但有时也会心生惆怅：祖祖辈辈垦荒而来的梯田消失了，大批农业机械取代了传统的手工劳作。如何才能留住农耕的痕迹？一份挥之不去的牵挂，时常浮涌于我的脑海。

自从爱上摄影，我就想用镜头记录传统的农耕生产方式，记录祖宗发明和创造的劳作农具。但农耕题材实在太大，我一直犹豫着未付诸行动。《永康味道》发行后，友人问我接下去的摄影取向，我道出沉淀已久的心思。朋友们纷纷献策，至2015年我终下决心，开始筹划创作。

我的初心是记录家乡的本土农耕，但现代农业渗透得太快，在永康已找不到完整的农耕生产方式。我查阅资料，走访浙江中部丘陵山区，发现浙中丘陵不仅农耕习俗相近，生产方式和使用的农具也基本雷同。为此，我调整了思路，以永康农业耕种方式为基础，结合丘陵地区多元栽培的习性，拍摄并记录浙中丘陵原生态的农耕生产方式和农具的使用特性。

创作过程远比我想象的更为艰辛。农业劳作的季节性强，错过一季就得再等待一年。一些几乎消失了的劳作方式更是一景难求，比如稻草蓬，随着稻草在生活中应用减少，已鲜有人堆叠，而随着收割机的普及，稻草被拦腰折断，人们即使想叠也没了合适的稻草；又如灰铺，自从有了塑料布，覆盖草木灰变得轻而易举，灰铺随之消失殆尽，只有一些老者依然留存着些许记忆；再如以前司空见惯的牛耕，早被拖拉机取代，即使山区偶有养牛，也不像以前那样耕、耙、耖了；如此等等。好在有纯朴老农的协助和配合，使我一次次攻克难关，完成记录夙愿。

农耕题材包罗万象：春耕、夏管、秋收、冬藏。我只选择了永康普遍的、有代表性的一些典型场景，意在举一反三，以此反映农耕生产的大概。我特别在意记录农耕时期使用的农具，它们是祖先智慧的结晶，是农耕的活化石。大凡能通过农具展示的劳作场景，我均作为重点收录。

在此，我由衷感谢资深文化学者徐天送老师和周跃忠先生帮我把关文本，感谢一直支持我创作的徐加元馆长，感谢指导我摄影的卢广老师，感谢给予我诸多方面指点和帮助的朱一虹、成其仓、钭建华、徐健儿、胡发东等挚友，感谢所有关心、支持、帮助和鼓励我创作的亲朋好友，感谢提供场景帮助的永康市杨溪稻米合作社，感谢精心编版的设计团队。另外，要特别感谢特意为每篇章节作词的永康籍著名作家胡松植先生，其所作的《汉宫春》描绘了春夏秋冬之美景，丰富了农耕的内涵和诗意；要特别感谢著名摄影家那日松老师给本书作序，为本书增光添彩。正是大家的点拨、鼓励，促使我不断创作，促成了该书顺利出版。

如果此书的出版能为传统农业和农耕历史留痕，能为后人留存些许对农耕年代艰辛劳作的感悟，此心足也。

责任编辑　厉亚敏
统筹监制　郑幼幼
责任校对　高余朵
责任印制　汪立峰

特邀编辑　那日松
装帧设计　王剑芬　张伟基
制　　作　映画廊·像素工作室

图书在版编目（CIP）数据

农耕 / 楼美如著. -- 杭州 ：浙江摄影出版社，
2020.4
　ISBN 978-7-5514-2937-5

　Ⅰ．①农… Ⅱ．①楼… Ⅲ．①农业－研究 Ⅳ．①S

中国版本图书馆CIP数据核字 (2020) 第027989号

NONG GENG

农耕

楼美如　著

全国百佳图书出版单位
浙江摄影出版社出版发行
　　　地址：杭州市体育场路 347 号
　　　邮编：310006
　　　电话：0571-85151082
　　　网址：www.photo.zjcb.com
经销：全国新华书店
制版：北京雅昌艺术印刷有限公司
印刷：北京雅昌艺术印刷有限公司
开本：787mm × 1092mm　1/16
印张：18.75
印数：2000
2020 年 4 月第 1 版　2020 年 4 月第 1 次印刷
ISBN 978-7-5514-2937-5
定价：128.00 元